ZHONGHUA
CHAWENHUA

中华
茶文化 （上）

赵心宇 ◎ 编著

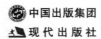

中国出版集团
现代出版社

图书在版编目(CIP)数据

中华茶文化(上)/赵心宇编著. —北京：现代出版社，2014.1

ISBN 978-7-5143-2170-8

Ⅰ. ①中… Ⅱ. ①赵… Ⅲ. ①茶-文化-中国-青年读物 ②茶-文化-中国-少年读物 Ⅳ. ①TS971-49

中国版本图书馆 CIP 数据核字(2014)第 008667 号

作　　者	赵心宇
责任编辑	王敬一
出版发行	现代出版社
通讯地址	北京市安定门外安华里 504 号
邮政编码	100011
电　　话	010-64267325 64245264(传真)
网　　址	www.1980xd.com
电子邮箱	xiandai@cnpitc.com.cn
印　　刷	唐山富达印务有限公司
开　　本	710mm×1000mm　1/16
印　　张	16
版　　次	2014 年 1 月第 1 版　2023 年 5 月第 3 次印刷
书　　号	ISBN 978-7-5143-2170-8
定　　价	76.00 元(上下册)

版权所有,翻印必究;未经许可,不得转载

目 录

第一章 茶的起源

关于中国茶 ·· 1
神农尝百草的传说与茶的发现 ······················ 4
中国茶文化 ·· 13
茶在我国的地理分布 ··································· 16

第二章 茶叶百科

茶叶品种分类 ·· 18
名茶荟萃 ··· 30

第三章 茶道茶艺

泡茶技法 ··· 49
饮茶方法 ··· 56
茶艺 ·· 71

第四章　茶与宗教(上)

普洱茶与原始宗教 …………………………………… 110
茶与宗教概说 ………………………………………… 114
"茶禅一味"的佛家茶理 ……………………………… 118

第一章 茶的起源

关于中国茶

中国是世界上最早发现和利用茶树的国家。远古时期，老百姓就已发现和利用茶树，如神农《本草经》："神农尝百草，日遇七十二毒，得茶而解之。"公元前1122 – 1116年，我国巴蜀就有以茶叶为"贡品"的记载。

汉宣帝年间（公元前57年 – 54年）蜀人王褒所著《僮约》，内有"武阳实茶"及"烹茶器具"之句，武阳即今四川省彭山县，说明在秦汉时期，四川产茶已初具规模，制茶方面也有改进，茶叶具有色、香、味的特色，并被用于多种用途，如药用、丧用、祭祀用、食用，或为上层社会的奢侈品、像武阳那样的茶叶集散市已经形成了。

春秋战国后期及西汉初年，我国历史上曾发生几次大规模战争，人口大迁徙，特别在秦统一四川后，促进了四川和其它各地的货物交换和经济交流，四川的茶树栽培，制作技术及饮用习俗，开始向当时的经济、政治、化中心陕西、河南等地传播，陕西、河南成为我国最古老的北方茶区之一、其后沿长江逐渐向长江中、下游推移，再次传播到南方各省。据史料载，汉王至江苏宜兴茗岭"课童艺茶""汉羡实茶"，汉朝名士葛玄在浙江天山设"植茶之圃"，说明汉代四川的茶树已传播到江苏、浙江一带了。江南初次饮茶的纪录始于三国，在《吴志·曜传》中，曾叙述孙皓以茶代酒客的故事。

两晋，南北朝（265-587年），茶产渐多，郑羽饮茶的记载也多见于史册。及至晋后，茶叶的商品化已到了相当程度，茶叶产量也有增加，不再视为珍贵的奢侈品了。茶叶成为商品以后，为求得高价出售，乃从事精工采制，以提高质量。南北朝初期，以上等茶作为贡品，在南朝宋山谦之所著的《吴兴记》中，载有："浙江乌程县（即今吴兴县）西二十里，有温山，所产之茶，转作进贡支用。"汉代，佛教自西域传入我国，到了南北朝时更为盛行。佛教提倡座禅，饮茶可以镇定精神，夜里饮茶可以驱睡，茶叶又和佛教结下了不解之缘，茶之声誉，逐驰名于世。因此一些名山大川僧道寺院所在山地和封建庄园都开始种植茶树。我国许多名茶，相当一部份是佛教和道教胜地最初种植的，如四川蒙顶、庐山云雾、黄山毛峰、以及天台华顶、雁荡毛峰、天目云雾、天目云雾、天目青顶、径山茶、龙井茶等，都是在名山大川的寺院附近出产，从这方面看，佛教和道教信徒们对茶的栽种、采制、传播也起到一定的作用。南北朝以后，所谓士大夫支流，逃避现实，终日清淡，品茶赋诗，茶叶消费更大，茶在江南成为一种"比屋皆饮"和"坐席竟下饮"的普通饮料，这说明在江南客来早已成为一种礼节。

唐朝一统天下，修文息武，重视农作，促进了茶叶生产的发展。由于国内太平，社会安定，随着农业。手工业生产的发展，茶叶的生产和贸易也迅速兴盛起来了，成为我国历史上第一个高峰，饮茶的人遍及全国，有的地方，户户饮茶已成习俗。茶叶产地分布长江、珠江流域和陕西、河南等十四个区的许多州郡，当时以武夷山茶采制而成的蒸青团茶，极负盛名。中唐以后，全国有七十多州产茶，辖三百四十多县，分布在现今的十四个省、市、自治区，两宋的茶叶生产，在唐朝至五代的基础上逐步发展，全国茶叶产区又有所扩大，各地精制的名茶繁多，茶叶产量也有增加。

元朝，茶叶生产有了更大的发展，至元朝中期，老百姓做茶技术不断提高，讲究制茶功夫，有些具有地方特色的茗茶，当时视为珍品，在南方极受欢迎。元时在茶叶生产上的另一成就，是用机械来制茶叶，据王桢记载，当时有些地区采用了水转连磨，即利用水力带动茶磨和椎具碎茶，显然较宋朝的碾茶又前进了一步。

明朝洪武元年，朱元璋废止过去某些弊制，在茶业上立诏置贡奉龙团，这一措施对制茶技艺的发展起了一定的促进作用。因此明代是我国古代制茶发展最快，成就最大的一个重要时代，它为现代制茶工艺的发展奠定良好基础。明代制茶的发展，首先反映在茶叶制作技术上的进步，元朝茗茶杀青是用蒸青，明茶揉捻只是"略揉"而已。至明朝一般都改为炒青，少数地方采用了晒青，并开始注意到茶叶的外型美观，把茶揉成条索。所以后来一般饮茶就不再煎煮，而逐渐改为泡茶了。

清末，中国大陆茶叶生产已相当的发达，全中国大陆共有十六省（区），六百多个县（市）产茶，面积为1500多方亩，居世界产茶国首位，占世界茶园面积的44%，产量已超过800万担，居世界第二位，占世界总产量的17%。1984年全国出口茶叶280多万担，约占世界茶出口总量的16%，江南栽茶更加普遍。据数据记载，1880年，中国出口茶叶达254万担，1886年最高达到268万担，这是当时中国大陆茶叶出口最好的记载。

神农尝百草的传说与茶的发现

神农，也就是远古三皇之一的炎帝，相传在公元前2700多年以前的神农时代，神农为了给人治病，经常到深山野岭去采集草药，他不仅要走很多路，而且还要对采集的草药亲口尝试，体会、鉴别草药的功能。

有一天，神农在采药中尝到了一种有毒的草，顿时感到口干舌麻，头晕目眩，他赶紧找一棵大树背靠着坐下，闭目休息。这时，一阵风吹来，树上落下几片绿油油的带着清香的叶子，神农随后拣了两片放在嘴里咀嚼，没想到一股清香油然而生，顿时感觉舌底生津，精神振奋，刚才的不适一扫而空。他感到好奇怪，于是，再拾起几片叶子细细观察，他发现这种树叶的叶形、叶脉、叶缘均与一般的树木不同。神农便采集了一些带回去细细研究。后来，就把它命名为"茶"。

唐·陆羽《茶经》："茶之为饮，发乎神农氏。"在中国的文化发展史上，往往是把一切与农业、与植物相关的事物起源最终都归结于神农氏。

而中国饮茶起源于神农的说法也因民间传说而衍生出不同的观点。有人认为茶是神农在野外以釜锅煮水时，刚好有几片叶子飘进锅中，煮好的水，其色微黄，喝入口中生津止渴、提神醒脑，以神农过去尝百草的经验，判断它是一种药而发现的，这是有关中国饮茶起源最普遍的说法。

另有说法则是从语音上加以附会，说是神农有个水晶肚子，由外观可得见食物在胃肠中蠕动的情形，当他尝茶时，发现茶在肚内到处流动，查来查去，把肠胃洗涤得干干净净。"兴于唐盛于宋"，这也是三峡地区茶文化演进的真实写照。宋代曾在峡中为官或游览过三峡的骚人墨客，莫不有赞誉峡茶之吟唱，其中最钟情者，当属南宋大诗人陆游。陆游于公元1170年5月入峡任夔州通判，写下了著名的《入蜀记》，对峡中山水胜迹、民俗风情、草木物产等都有生动真实的描述，是继《水经注》后反映三峡的名著。陆游在峡中还写了许多脍炙人口的诗篇，寄托了他对峡山、峡水、峡茶的深情眷恋，与三峡结下了珍贵的茶缘。他在《入蜀记》中记叙了峡中民间茶市的繁荣："晚次黄牛庙，山复高峻，村人来卖茶菜者甚众。"他写的三峡诗页不乏咏茶之作，如《荆州歌》："峡人住多楚人少，土埒争食茱萸茶"；《三峡歌》："锦乡楼前看卖花，麝香山下摘新茶"。据《舆地纪胜》和《太平环宇记》载：锦乡楼在涪陵；麝香山在秭归县东南一百一十里，因山多麝而得名。还有《效蜀人煎茶戏作长句》，说明他颇得巴蜀民间煎茶之道。在西陵峡口的三游洞，陆游曾亲自取岩下山泉水煎茶细细品味，并即兴作《三游洞前岩下潭水甚奇，取以煎茶》诗云："古经芒鞋滑不妨，潭边聊得据胡床，岩空倒看峰峦影，涧远中含药草香。汲取满瓶牛乳白，分流触石佩声长，囊中日铸（茶名）传天下，不是名泉不合尝。"后人遂称此泉为"陆游泉"。唐宋时代的峡茶美名传天下，引得多少文人雅士慕名而来，留下茶文化千古风流佳话。

当茶叶作为人们生活饮料之风在唐代兴起之时，地处偏僻西南的三峡地区饮茶早已成为风尚，不仅已研制出了名茶，而且茶叶生产也具有相当规模，民间已掌握了一套采茶、制茶工艺，煎茶的方法更是独具特色。这一切都表明三峡地区饮茶之风尚更早于唐代。笔者推断：其时间可上溯至三国、秦汉、战国时代，甚至更为久远的年代。三峡茶之起源与中国茶之起源有着密不可分的渊源关系。或者可以说，三峡及其周边地区，是中国古代茶之渊薮，是中国茶起源地之一是无可置疑的。为了探讨与论证这一见解，我们不妨简要介绍我国茶学界有关茶起源之研究成果以及共识与纷争。

茶，已成为世界三大饮料（茶叶、咖啡、可可）之一，饮茶之风尚已遍及五大洲160多个国家和地区，而且随着茶叶药用功能的发现与研究，其风愈见强盛，这是中华民族对全人类的一大贡献。中外学者一致公认茶叶的原产地在中国，茶叶的植物学名是用拉丁文定的，就是中国的意思；在世界上很多国家茶的读音，都是从我国转译过去的；日本、朝鲜、蒙古、伊朗、土耳其等亚州国家茶的读音均来自中国。现在日本盛行的茶道更是中国传播后之沿袭与发展。目前中国茶树品种多达600余种，足以证明茶原产地资源之丰富。

中国茶之为饮究竟起源于何时何地？至今仍是众说纷纭，尚无定论。其起源地点有云南说、贵州说、川西说、鄂西说、湖南说等等。但多数学者倾向于西南地区说，此说看似不甚具体，但笔者认为更符合山茶科植物共有的生物圈的科学实际，植物的生长没有省界，只有地域性。关于茶起源之时间，有上古说、西周说、春秋说、战国说、秦汉说乃至魏晋诸说。茶叶学术界的传统观点和茶叶专著作者如《茶叶通史》多采用陆羽《茶经》所说。《茶经·六之饮》云："茶之为饮，发乎神农氏，闻于鲁周公，齐有晏婴，汉有杨雄、司马相如，吴有韦耀，晋有刘琨、张载、远祖纳、谢安、左思之徒，皆饮焉。"在《茶经·七之事》中叙述历代茶事时，陆羽

第一章 茶的起源

再一次谈到与茶起源有关的人物事件:"三皇:炎帝神农氏。周:鲁周公旦。齐相晏婴……"这便是茶起源于上古说、西周说所依的根据。"茶之为饮,发乎神农氏。"是说茶作为饮料开始于三皇之一的神农氏,此说出自《神农本草经》之记载:"神农尝百草,日遇七十二毒,得茶而解之。"茶苦而寒,最能降火,火为百病,火降则上清矣。"但学者多以为《神农本草经》系秦汉时人伪托"神农"之名而作,带有很重的传说色彩,以此说茶起源于古时代神农氏令人难以足信。茶起源于西周说是我国茶学界大多公认的一种观点,常见于各种茶叶著作。其主要根据上晋·常璩撰《华阳国志·巴志》中的一段有关古代巴国历史和物产纳贡的记载:"周武王伐纣,实得巴蜀之师,着乎《尚书》。巴师勇锐,歌舞以凌殷人,殷人倒戈,故世称之曰:"武王伐纣,前歌后舞"也,以其宗姬封于巴……""其地东至鱼复,西至僰道,北接汉中,南极黔涪。土植五谷,牲具六畜。桑蚕……丹漆、茶、蜜……皆纳贡之。"以此证明在西周初期巴国便将茶叶作为贡品纳贡之,周武王伐约之战发生在公元前1066年,由此得出结论:"在我国确切记载的"茶事",距今已有三千多年的历史了。"春秋时齐相晏婴饮茶之事,出自《晏子春秋》:"婴相齐景分时,食脱粟之饭,炙三戈五卯茗菜而已。"有学者视"茗菜"为茶。茶源于春秋说所据的另外文字记载,是《周礼·地官·掌菜》和《诗经》中"采茶",茶学界一般视古文献中之"茶"为"茶",实际上都是沿袭了陆羽《茶经》的说法。《茶经·一之源》:"其字,或从草,或从木,或草木并(原注:从草,当作'茶'……从木,当作'槚'……草木并,作'茶',其字出《尔雅》。)"《尔雅·木篇》:"木贾,苦茶。"郭璞《尔雅》曰:"树小似栀子,冬出叶,可煮羹饮,今呼早取为茶,晚取为茗，或一曰荈，蜀人名之苦荼。"对《茶经》中所引用的古文献资料涉及我国春秋以前之茶事，一千多年来少见有异议。

近有青年学者方建先生，对上述有关茶叶起源的观点以及《茶经》中所载春秋以前之茶事提出了新的挑战，他在《战国以前无茶考》的专论中，对茶学界长期流行的多种误解经过逐一考证而予以否定。其一，是对《华阳国志·巴志》向周王朝贡茶的误解。他认为这是把巴国古史和巴国物产及纳贡两段不同的文字记载混为一谈，记载巴国以茶等纳贡的那段文字，其地名鱼复等皆是西汉置郡县名，同西周无涉；其二，《晏子春秋》中之"茗菜"乃是"苔菜"之误，与茶无关；其三，《周礼》、《诗经》中的"荼"，早有注家考释为"茅秀"（即茅草花）和"苦菜"，均不作茶解，当然也就更谈不上茶事了；其四，《茶经》记载了茶的别名："其名，一曰茶，二曰槚，三曰蔎，四曰茗，五曰荈。"经考证，"蔎"字《说文》注曰："蔎，香草也。"杨雄《方言》中"蜀西南人谓茶为蔎"是方言之读音，而非茶名。"木贾"据《说文》其本义为楸，是种落叶乔木，作为茶的别名，当始于《尔雅》。"茗"作为茶的别名始于《说文》，汉晋以来便作为茶的雅称而广泛使用，一直沿袭至今。关于茶的起源问题，方建先生提出了自己的看法："概括地说，茶起源于中国战国或秦汉之际的西周地区。"笔者认为，方建先生经过科学考证纠正了茶学界对古文献资料的误解，有益于茶史的研究。对茶起源的时间和地点之说，也比较切合实际。目前所见到的最早、最具体、最可靠的把茶当作饮料的史料，当是《三国志·吴志·韦曜传》（公元二世纪）之记载："孙浩每飨宴，坐席无不悉以七升为限，虽不尽入口，皆浇灌取尽。曜素饮酒不过二升，初见礼异时，常为裁减，或密赐茶荈以当酒。"《华阳国志·巴志》记载了公元四世纪中叶巴国历史、地理、物产、风俗，其史料比较真实可信，以茶纳贡之事虽不早于西周，但最迟也不会晚于西汉，从西汉时期西南地区巴地产茶、贡茶、饮茶颇为流行的情况判断，我国饮茶的历史还可大大提前。当然，这有待于考古发现的证实。

方建先生说茶起源于西南地区，"似已成为海内外多数学者的共识。"三峡地区当然包括在其中。种种历史事象表明：这是一个神秘莫测的地带，有着独特的生物圈和文化圈，是中国神秘文化之渊薮，也是中国稀珍动植物之渊薮。据《中国植被》的植被区划，鄂西南、川东南（现为重庆）黔东、湘西为同一植被区域，"具有地质发育的共同性和地貌成因的统一，以及植物发生的一致性。""武陵及巫山多为古生代沉积的灰岩及沙页岩；河谷盆地为白垩纪红色岩系（紫色砂页岩）。石灰岩岩溶地貌在本地区北部十分发育，这对植被分布有重要影响。"本区古老孑遗植物丰富，如水杉属、台湾杉属、鹅掌楸属、领香木属、檫木属、金钱槭属、珙桐属、山白树属、串果藤属、水青树属、连香树属、香果树属等均在本区分布。"起源于上白垩纪的茶科植物，正是生长在这一自然地理生物圈之中，也可以说，这一地区是茶科（山茶属）植物的故乡，是中国茶之起源地，这是无可质疑的。

古今研究茶起源的学者，多注重茶作为饮料的起源，所以难免走入误区。笔者之拙见，研究茶为饮料之起源，首先要研究山茶科植物之起源，这才是真正之源。先有茶树，才有茶叶作饮品的尝试与推广。一个不生长山茶科植物的地区，怎么可能成为茶的起源之地？从这个意义上讲，"战国前无茶"论或多或少有点武断，至少其提法是不科学的。因为山茶科植物早就存在于自然界，原始人类尝遍百草时，遭遇到茶、尝试过茶的可能性是存在的。文字记载不是判断事物存在的唯一依据，人类许多生活习惯不见于文字记载，但它存在。

三峡的地貌形态，形成了朱罗纪和白垩纪初期，地理位置处于我国中亚热带湿润地区，气候温和，年平均气温15～18℃，降雨量充沛，冬春多雾，是第三纪植物的避难所，也是茶科植物的古老产地。据《茶经》载云："茶者，南方之嘉木也，一尺、二尺乃至数十尺；其巴山峡川有两人合抱者，伐而掇之。"这说明在1200多年前，三峡地区还有如此高大粗壮的野生茶树存在，茶树资源之丰富可以想见。正因为有大量野生茶树，才有可能过渡到大面积栽种。推想古人当是先采野生茶试饮，发现其饮用价值才逐步种植。这个过程是漫长的，冰冻三尺，非一日之寒，唐代峡州茶叶生产的盛况空前，饮茶之风甚盛，《茶经》云："巴渝间，以为比屋之饮。"说明从江陵到重庆家家户户都在饮茶，饮茶风尚当源于其悠久的饮茶历史。茶作饮料的历史虽仅见于战国后的文字记载，那么茶为饮的时间一定会向前大大推移；年代当更为久远。唯有如此方符合事物发展和历史演进之规律。

茶之起源与巫、医有着十分密切的关系。从"神农尝遍百草，日遇七十二毒，得茶而解之"的神话传说和《淮南子·修务训》"古者民茹草饮水，采树木之实，食蠃蚌之肉，时多疾病毒伤之害，于是神乃始教于民播种五谷……尝百草之滋味，水泉甘苦，令民知所避就。当此之时，一日而遇七十二毒"的载述来看，先民们最早发现的是茶能解毒的药用价值，于是将茶叶煮汁作为预防疾病之药饮用，久之成为生活习惯。而古时之医者多为巫师兼之，于是茶也就成了巫师手中驱邪祛病的"神茶"、"神水"，以至用于祭神。三峡地区原始氏族社会时期为巫人聚居之地，巫风炽盛，是著名的巫文化圈。先秦文献中记载巫师采药之事独见于巫山一带，《山海经·大荒西经》："大荒之中……有灵（即巫）山，巫咸、巫即……巫罗十巫从此升降，百药爱在"。（郭璞注：群巫上下此山采之也。）研究中国茶文化的学者有："茶禅一味"说，有人认为茶风之形成得益于佛教的东传，这是一种误解，即使有一定关系，那也是东汉以后之事。茶为饮之风最早得益于巫、医而流传千古。

在屈赋中我们虽然未直接见到"茶"字，但用植物之茶果作饮料和把神的文字却有多处，这至少说明当时的人们已不满足于喝白水而在植物中寻求饮料了。"朝饮木兰之坠露，夕餐秋菊之落英，"这便是屈原的尝试。《九歌》中的"莫桂酒兮椒浆"，椒浆便是花椒汁，亦可称为果茶，也有可能是陆游诗中所说峡人争飧的"茱萸茶"。《诗经·唐风》有一首诗题作《椒聊》，晋·陆机《疏》曰："椒树似茱萸……蜀人作茶，吴人作茗，皆合煮其叶以为香。"茶与茱萸、花椒等植物芳香的花果混合煮汁饮用之历史也十分悠久，茶学界有研究花茶起源的学者认为这便是花茶的起源。三国张揖《广雅》载云："荆·巴间采叶作饼，叶老者，饼成以米膏出之。欲煮茗饮，光炙令赤色，捣末，置瓷器中，以汤浇复之，用葱、姜、桔子芼之……"晋孙楚《歌》唱道："姜桂茶荈出巴蜀，椒桔木兰出高山"据此种种，花茶也很有可能起源于荆、巴地区。

我国有关茶的可靠文字记载始于公元前的西汉初。扬雄著《方言》云："蜀西南人谓茶曰蔎。"司马相如《凡将》篇载有"荈茶"。王褒所写的《僮约》篇中有"武阳买荼"、"烹茶尽具"之句。他们三人都是西汉时蜀地的著名的学者。汉代饮茶之事，在现代考古发现中已得到验证，长沙马王堆一、三号汉墓出土的简文中均有"榓一荈"的记载。有学者研究认为:"榓(贾)就是茶树,古代写作'荼',《尔雅·释木》:'贾,苦荼。'……古代茶叶可作羹饮,在马王堆简文中多次提到'荼羹',据《长沙马王堆一号汉墓》释文曰:'苦指苦荼而言'。苦羹,当指苦荼的肉羹。"

在魏晋南北朝的著作中,我们还见到了不少三峡一带出产名茶的记载。《桐君采药录》:"巴东别有真茗茶,煎饮令人不眠。"《夷陵图经》:"黄牛(峡)、荆门、女观、望州等山,茶茗出焉。"《北堂书钞》引《荆州土地记》云:"武陵七县通出茶,最好。"《齐民要术》引《荆州地记》曰:"浮陵茶最好。"《归州志·物产》载:"早采者为茶,晚取者为茗,一曰荈。州东南四十里王家岭产者良,烹贮碗中,经夜色不变。"对茶之称呼,与杨雄、郭璞所说吻合。茶字最早出现于巴蜀学者著作之中,当然不是一种偶然现象,见识之早,饮用之早,方可能有记载之早。有关三峡一带多处出产真茗、好茶的记载,则证明在陆羽着《茶经》之前,峡州茶早已声名远播。

自茶叶问世的两千多年来,三峡地区的植物资源与生态环境逐渐遭受人工破坏。已失去古代的原始风貌,但仍保持了较好的茶树生态环境,保留下来不少古茶遗存。据中国科学院植物研究所组织专家进行考查,三峡库区现存茶科植物有6届19种,其中山茶属5种。峡江两岸的山坡、溪畔、野生茶树仍随处可见。陆羽在《茶经》中提到的峡州远安县,在唐代就以盛产的"鹿宛茶"而闻名。真正的鹿宛茶只产在山环水绕的鹿宛寺,那是一种品质与形状奇特的茶:叶片卷曲、密生着白色的茸毛。泡出来的茶色却如绿豆汤一般。笔者60年代曾陪省里两位作家走访过鹿宛寺,在寺后的登仙岩上见到了三棵古老的白茶树,树干苍劲而叶片粉白粉白,为茶树中之罕见。据寺僧云:用此白茶叶制成的茶才是真正的鹿宛茶。饮之数夜不思眠。当地茶农曾尝试繁植，惜未能成功。在峡江两岸有许多小地理环境、小自然气候，出产的茶叶品味各异、独具特色。如生长溪边的'溪茶'、涧边的'涧茶'、山坡上的'坡茶'、高山上的'云雾茶'、土壤中富含硒元素的'富硒茶'……古时西陵峡的明月峡峭壁间曾生长有茶树，《清统一志》载云："茶生其间为绝品。"遗憾的是如今早已绝迹而不见仙踪。

综上所述，三峡地区得天独厚的地理自然生态环境，使得区内植物物种丰富、起源古老，是人们称作"活化石"的第三纪孑遗植物的幸存之地；同时，也是屈原所颂"后皇嘉树"——桔树的原产之地、和陆羽所赞"南方之嘉木"——茶树的原产之地。根据对古文献的考证与研究：至迟在战国时代民间已将茶作药用，早在西汉初期便见有茶作饮料的文字记载，《华阳国志·巴志》所载纳贡之茶的历史年代不会晚于西汉；陆羽著作《茶经》的公元 7 世纪，峡州一带之茶早已由野生进入人工栽培，茶叶生产具有一定规模，并有"仙人掌"等名茶问世……由此推断三峡地区为饮茶的起源地或起源之一，当不属凭空臆想。

中国茶文化

茶文化从广义上讲，分茶的自然科学和茶的人文科学两方面，是指人类社会历史实践过程中所创造的与茶有关的物质财富和精神财富的总和。从狭义上讲，着重于茶的人文科学，主要指茶对精神和社会的功能。由于茶的自然科学已形成独立的体系，因而，现在常讲的茶文化偏重于人文科学。

三国以前的茶文化启蒙

很多书籍把茶的发现时间定为公元前 2737 – 2697 年,其历史可推到三皇五帝。东汉华佗《食经》中:"苦茶久食,益意思"记录了茶的医学价值。西汉以将茶的产地县命名为"茶陵",即湖南的茶陵。到三国魏代《广雅》中已最早记载了饼茶的制法和饮用:荆巴间采叶作饼,叶老者饼成,以米膏出之。茶以物质形式出现而渗透至其他人文科学从而形成茶文化的启蒙。

晋代、南北朝茶文化的萌芽

随着文人饮茶之兴起,有关茶的诗词歌赋日渐问世,茶已经脱离作为一般形态的饮食走入文化圈,起着一定的精神、社会作用。

唐代茶文化的形成

780 年陆羽着《茶经》,是唐代茶文化形成的标志。其概括了茶的自然和人文科学双重内容,探讨了饮茶艺术,把儒、道、佛三教融入饮茶中,首创中国茶道精神。以后又出现大量茶书、茶诗,有《茶述》、《煎茶水记》、《采茶记》、《十六汤品》等。唐代茶文化的形成与禅教的兴起有关,因茶有提神益思,生精止渴功能,故寺庙崇尚饮茶,在寺院周围植茶树,制定茶礼、设茶堂、选茶头,专呈茶事活动。在唐代形成的中国茶道分宫廷茶道、寺院茶礼、文人茶道。

宋代茶文化的兴盛

宋代茶业已有很大发展，推动了茶叶文化的发展，在文人中出现了专业品茶社团，有官员组成的"汤社"、佛教徒的"千人社"等。宋太祖赵匡胤是位嗜茶之士，在宫庭中设立茶事机关，宫廷用茶已分等级。茶仪已成礼制，赐茶已成皇帝笼络大臣、眷怀亲族的重要手段，还赐给国外使节。至于下层社会，茶文化更是生机活泼，有人迁徙，邻里要"献茶"、有客来，要敬"元宝茶"，定婚时要"下茶"，结婚时要"定茶"，同房时要"合茶"。民间斗茶风起，带来了采制烹点的一系列变化。

明、清茶文化的普及

此时已出现蒸青、炒青、烘青等各茶类，茶的饮用已改成"撮泡法"，明代不少文人雅士留有传世之作，如唐伯虎的《烹茶画卷》、《品茶图》，文征明的《惠山茶会记》、《陆羽烹茶图》、《品茶图》等。茶类的增多，泡茶的技艺有别，茶具的款式、质地、花纹千姿百态。到清朝茶叶出口已成一种正式行业，茶书、茶事、茶诗不计其数。

现代茶文化的发展

新中国成立后，我国茶叶从1949的年产7500吨发展到1998年的60余万吨。茶物质财富的大量增加为我国茶文化的发展提供了坚实的基础，1982年，在杭州成立了第一个以宏扬茶文化为宗旨的社会团体——"茶人之家"，1983年湖北成立"陆羽茶文化研究会"，1990年"中国茶人联谊会"在北京成立，1993年"中国国际茶文化研究会"在湖洲成立，1991年中国茶叶博物馆在杭州西湖乡正式开放。1998年中国国际和平茶文化交流馆建成。随着茶文化的兴起，各地茶艺馆越办越多。国际茶文化研讨会已开到第五界，吸引了日、韩、美、斯及港台地区纷纷参加。各省各市及主产茶县纷纷主办"茶叶节"，如福建武夷市的岩茶节、云南的普洱茶节，浙江新昌、泰顺、湖北英山、河南信阳的茶叶节不胜枚举。都以茶为载体，促进全面的经济贸易发展。

茶在我国的地理分布

中国现有茶园面积约110万公顷，茶区分布在北纬180 – 370从海南到山东、东经940 – 1120从东部沿海城市到四川的范围内，他涵盖了我国浙江、江苏、安徽、福建、山东、河南、陕西、甘肃、西藏、四川、重庆、贵州、云南、广西、广东、海南、江西、台湾等20多个省市。其中海拔从10米到2600米不等。我们可以把这个广大范围的茶产区大致分成4个部分：

江北茶区：包括甘肃、陕南、鄂北、豫南、皖北、苏北、鲁东南等地。由于江北茶区气温低，积温少，茶树相对矮小，以灌木为主，且茶树新梢生长期短，多制作绿茶，其中也不乏少数山区有良好的局部性气候，产不少名优绿茶，如六安瓜片、信阳毛尖。

江南茶区：是我国茶产量最大的地区，包括粤北、贵北、闽中北、湘、浙、赣、鄂南、皖南和苏南等地。此处茶区多为丘陵低山地带，海拔从10米到1000米居多，高山茶园和低丘茶园均有分布，但晴天日晒炎烈，雨天则降水量过大。此处多发展绿茶，青茶，花茶和名特茶，如西湖龙井、黄山毛峰、洞庭碧螺春、君山银针、庐山云雾等。

西南茶区：是我国最古老的茶区，它包括黔、川、滇中北和藏东南等地，此处多为高原地区，处于亚热带季风气候，东不寒冷，夏不炎热，茶树品种丰富，多大叶种茶园，产红碎茶、绿茶、普洱茶、花茶、边销茶、名特茶等，是我国大叶种红碎茶的主要产区。

华南茶区：包括闽中南、台、粤中南、海南、贵南和滇南等地。此处水热资源丰富，多属高地，土壤肥沃，气候适宜，茶树生长期达10个月之久，是我国最适合茶树生长的地区。其茶树种类及其丰富，乔木，小乔木，灌木均有，多产青茶、红茶、普洱茶、六堡茶。

第二章 茶叶百科

茶叶品种分类

茶类的划分可以有多种方法。

有的根据制造方法不同和品质上的差异,将茶叶分为绿茶、红茶、乌龙茶(即青茶)、白茶、黄茶和黑茶六大类。

有的根据我国出口茶的类别将茶叶分为绿茶、红茶、乌龙茶、白茶、花茶、紧压茶和速溶茶等几大类。

有的根据我国茶叶加工分为初、精制两个阶段的实际情况,将茶叶分为毛茶和成品茶两大部分,其中毛茶分绿茶、红茶、乌龙茶、白茶和黑茶五大类,将黄茶归入绿茶一类;成品茶包括精制加工的绿茶、红茶、乌龙茶、白茶和再加工而成的花茶、紧压茶和速溶茶等类。

有的还从产地划分将茶叶称作川茶、浙茶、闽茶等等,这种分类方法一般仅是俗称。还可以其生长环境来分:平地茶,高山茶,丘陵茶。另外还有一些"茶"其实并不是真正意义上的茶,但是一般的饮用方法上与一般的茶一样,故而人们常常以茶来命名之,例如虫茶、鱼茶。有的这类茶已经没有多少人知道它不是茶了,例如绞股蓝茶。将上述几种常见的分类方法综合起来，中国茶叶则可分为基本茶类和再加工茶类两大部分。

绿茶及其特性

茶类的划分可以有多种方法。

有的根据制造方法不同和品质上的差异，将茶叶分为绿茶、红茶、乌龙茶（即青茶）、白茶、黄茶和黑茶六大类。

有的根据我国出口茶的类别将茶叶分为绿茶、红茶、乌龙茶、白茶、花茶、紧压茶和速溶茶等几大类。

有的根据我国茶叶加工分为初、精制两个阶段的实际情况，将茶叶分为毛茶和成品茶两大部分，其中毛茶分绿茶、红茶、乌龙茶、白茶和黑茶五大类，将黄茶归入绿茶一类；成品茶包括精制加工的绿茶、红茶、乌龙茶、白茶和再加工而成的花茶、紧压茶和速溶茶等类。

有的还从产地划分将茶叶称作川茶、浙茶、闽茶等等，这种分类方法一般仅是俗称。还可以其生长环境来分：平地茶，高山茶，丘陵茶。另外还有一些"茶"其实并不是真正意义上的茶，但是一般的饮用方法上与一般的茶一样，故而人们常常以茶来命名之，例如虫茶、鱼茶。有的这类茶已经没有多少人知道它不是茶了，例如绞股蓝茶。将上述几种常见的分类方法综合起来，中国茶叶则可分为基本茶类和再加工茶类两大部分。

茶色不同来分类——绿茶：

绿茶，又称不发酵茶。以适宜茶树新梢为原料，经杀青、揉捻、干燥等典型工艺过程制成的茶叶。其干茶色泽和冲泡后的茶汤、叶底以绿色为主调，故名。

绿茶的特性，较多的保留了鲜叶内的天然物质。其中茶多酚咖啡碱保留鲜叶的85%以上，叶绿素保留50%左右，维生素损失也较少，从而形成了绿茶"清汤绿叶，滋味收敛性强"的特点。最科学研究结果表明，绿茶中保留的天然物质成分，对防衰老、防癌、抗癌、杀菌、消炎等均有特殊效果，为其它茶类所不及。

中国绿茶中，名品最多，不但香高味长，品质优异，且造型独特，具有较高的艺术欣赏价值，绿茶按其干燥和杀青方法的不同，一般分为炒青、烘青、晒青和蒸青绿茶。

炒青绿茶：由于在干燥过程中受到机械或手工操力的作用不同，成茶形成了长条形、圆珠形、扇平形、针形、螺形等不同的形状，故又分为长炒青、圆炒青、扁炒青等等。长炒青精制后称眉茶，成品的花色有珍眉、贡熙、雨茶、针眉、秀眉等，各具不同的品质特征。

珍眉：条索细紧挺直或其形如仕女之秀眉，色泽绿润起霜，香气高鲜，滋味浓爽，汤色、叶底绿微黄明亮。

贡熙：是长炒青中的圆形茶，精制后称贡熙。外形颗粒近似珠茶，圆叶底尚嫩匀。

雨茶：原系由珠茶中分离出来的长形茶，现在雨茶大部分从眉茶中获取，外形条索细短、尚紧，色泽绿匀，香气纯正，滋味尚浓，汤色黄绿，叶底尚嫩匀。

圆炒青：外形颗粒圆紧，因产地和采制方法不同，又分为平炒青、泉岗辉白和涌溪火青等。

平炒青：产于浙江嵊县、新昌、上虞等县。因历史上毛茶集中绍兴平水镇精制和集散，成品茶外形细圆紧结似珍珠，故称"平水珠茶"或称平绿，毛茶则称平炒青。

扁炒青：因产地和制法不同，主要分为龙井、旗枪、大方三种。

龙井：产于杭州市西湖区，又称西湖龙井。鲜叶采摘细嫩，要求芽叶均匀成朵，高级龙井做工特别精细，具有"色绿、香郁。味甘、形美"的品质特征。

旗枪：产于杭州龙井茶区四周及毗邻的余杭、富阳、肖山等县。

大方：产于安徽省歙县和浙江临安、淳安毗邻地区，以歙县老竹大方最为著名。

在炒青绿茶中，因其制茶方法不同，又有称为特种炒青绿茶，为了保持叶形完整，最后工序常进行烘干。其茶品有洞庭碧螺春、南京雨花茶。金奖惠明、高桥银峰、韶山韶峰、安化松针。古丈毛尖、江华毛尖、大庸毛尖、信阳毛尖、桂平西山茶、庐山云雾等等。在此只简述二品，如洞庭碧螺春：产于江苏吴县太湖的洞庭山川碧螺峰的品质最佳。外形条索纤细、匀整，卷曲似螺，白毫显露，色泽银绿隐翠光润；内质清香持久，汤色嫩绿清澈，滋味清鲜回甜；叶底幼嫩柔匀明亮。金奖惠明：产于浙江云和县。曾于1915年巴拿马万国博览会上获金质奖章而得名，外形条索细紧匀整，苗秀有峰毫，色泽绿润；内质香高而持久，有花果香，汤色清澈明亮，滋味甘醇爽口，叶底嫩绿明亮。

烘青绿茶：是用烘笼进行烘干的，烘青毛茶经再加工精制后大部分作熏制花茶的茶坯，香气一般不及炒青高，少数烘青名茶品质特优。以其外形亦可分为条形茶、尖形茶、片形茶、针形茶等。条形烘青，全国主要产茶区都有生产；尖形、片形茶主要产于安徽、浙江等省市。其中特种烘青，主要有黄山毛峰、太平猴魁、六安瓜片、敬亭绿雪、天山绿茶、顾诸紫笋。江山绿牡丹、峨眉毛峰、金水翠峰、峡州碧峰、南糯白毫等。如黄山毛峰：产于安徽软县黄山。外形细嫩稍卷曲，芽肥壮、匀整，有锋毫，形似"雀舌"，色泽金黄油润，俗称象牙色，香气清鲜高长，汤色杏黄清澈明亮，滋味醇厚鲜爽回甘，叶底芽叶成朵，厚实鲜艳。

晒青绿茶：是用日光进行晒干的。主要分布在湖南、湖北。广东。广西、四川，云南、贵州等省有少量生产。晒青绿茶以云南大叶种的品质最好，称为"滇青"；其它如川青、黔青、桂青、鄂青等品质各有千秋，但不及滇青。

蒸青绿茶：以蒸汽杀青是我国古代的杀青方法。唐朝时传至日本，相沿至今；而我国则自明代起即改为锅炒杀青。蒸青是利用蒸汽量来破坏鲜叶中酶活性，形成千茶色泽深绿，茶汤浅绿和茶底青绿的：'三绿"的品质特征，但香气较闷带青气，涩味也较重，不及锅炒杀青绿茶那样鲜爽。由于对外贸易的需要，我国从20世纪80年代中期以来，也生产少量蒸青绿茶。主要品种有恩施玉露，产于湖北恩施；中国煎茶，产于浙江、福建和安徽三省。

绿茶是历史最早的茶类。古代人类采集野生茶树芽叶晒干收藏，可以看作是广义上的绿茶加工的开始，距今至少有3000多年。但真正意义上的绿茶加工，是从公元8世纪发明蒸青制法开始，到12世纪又发明炒青制法，绿茶加工技术已比较成熟，一直沿用至今，并不断完善。

绿茶为我国产量最大的茶类，产区分布于各产茶省、市、自治区。其中以浙江、安徽、江西三省产量最高，质量最优，是我国绿茶生产的主要基地。在国际市场上，我国绿茶占国际贸易量的70%以上。行销区遍及北非、西非各国及法、美、阿富汗等50多个国家和地区。在国际市场上绿茶销量占内销总量的1/3以上。同时，绿茶又是生产花茶的主要原料。

各类绿茶名：西湖龙井、惠明茶、洞庭碧螺春、顾渚紫茶、午子仙毫、黄山毛峰、信阳毛尖、平水珠茶、宝洪茶、上饶白眉、径山茶、峨眉竹叶青、南安石亭绿、仰天雪绿、蒙顶茶、涌溪火青、仙人掌茶、天山绿茶、永川秀芽、休宁松萝、恩施玉露、都匀毛尖、鸠坑毛尖、桂平西山茶、老竹大方、泉岗辉白、眉茶、安吉白片、南京雨花茶、敬亭绿雪、天尊贡芽、滩茶、双龙银针、太平猴魁、源茗茶、峡州碧峰、秦巴雾毫、开化龙须、庐山云雾、安化松针、日铸雪芽、紫阳毛尖、江山绿牡丹、六安瓜片、高桥银峰、云峰与蟠毫、汉水银梭、云南白毫、遵义毛峰、九华毛峰、五盖山米茶、井岗翠绿、韶峰、古劳茶、舒城兰花、州碧云、小布岩茶、华顶云雾、南山白毛芽、天柱剑毫、黄竹白毫、麻姑茶、车云山毛尖、桂林毛尖、建德苞茶、瑞州黄檗茶、双桥毛尖、覃塘毛尖、东湖银毫、江华毛尖、龙舞茶、龟山岩绿、无锡毫茶、桂东玲珑茶、天目青顶、新江羽绒茶、金水翠峰、金坛雀舌、古丈毛尖、双井绿、周打铁茶、文君嫩绿、前峰雪莲、狮口银芽、雁荡毛峰、九龙茶、峨眉毛峰、南山寿眉、湘波绿、晒青、山岩翠绿、蒙顶甘露、瑞草魁、河西圆茶、普陀佛茶、雪峰毛尖、青城雪芽、宝顶绿茶、隆中茶、松阳银猴、龙岩斜背茶、梅龙茶、兰溪毛峰、官庄毛尖、云海白毫、莲心茶、金山翠芽、峨蕊、牛抵茶、化佛茶、贵定云雾茶、天池茗毫、通天岩茶、凌云白茶、蒸青煎茶、云林茶、盘安云峰、绿春玛玉茶、东白春芽、太白顶芽、千岛玉叶、清溪玉芽、攒林茶、仙居碧绿、七境堂绿茶、南岳云雾茶、大关翠华茶、湄江翠片、翠螺、窝坑茶、余姚瀑布茶、苍山雪绿、象棋云雾、花果山云雾茶、水仙茸勾茶、遂昌银猴、墨江云针。

红茶及其特性

红茶，以适宜制作本品的茶树新芽叶为原料，经萎调、揉捻（切）、发酵、干燥等典型工艺过程精制而成。因其干茶色泽和冲泡的茶汤以红色为主调，故名。

红茶开始创制时称为"乌茶"。红茶在加工过程中发生了以茶多酚酶促氧化为中心的化学反应，鲜叶中的化学成分变化较大，茶多酚减少90%以上，产生了茶黄素、茶红素等新的成分。香气物质从鲜叶中的50多种，增至300多种，一部分咖啡碱。儿茶素和茶黄素络合成滋味鲜美的络合物，从而形成了红茶、红汤、红叶和香甜味醇的品质特征。

小种红茶：开创了中国红茶的纪元。起源16世纪。最早为武夷山一带发明的小种红茶。1610年荷兰商人第一次运销欧洲的红茶就是福建省崇安县星村生产的小种红茶（今称之为"正山小种"）。至18世纪中叶，又从小种红茶演变为工夫红茶。从19世纪80年代起，我国红茶特别是工夫红茶，在国际市场上曾占统治地位。小种红茶是福建省的特产,有正山小种和外山小种之分。正山小种产于崇安县星村乡桐木关一带,也称"桐木关小种"或"星村"小种。政和、但洋、古田。沙县及江西铅山等地所产的仿照正山品质的小种红茶,统称"外山小种"或"人工小种"。在小种红茶中,唯正山小种百年不衰,主要是因其产自武夷高山地区,崇安县星村和桐木关一带,地处武夷山脉之北段,海拔1000~1500米,冬暖夏凉,年均气温18C,年降雨量2000毫米左右,春夏之间终日云雾燎绕,茶园土质肥沃,茶树生长繁茂,叶质肥厚,持嫩性好,成茶品质特别优异。

工夫红茶:是我国特有的红茶品种,也是我国传统出口商品。当前我国19个省产茶(包括试种地区新疆、西藏),其中有12个省先后生产工夫红茶。我国工夫红茶品类多、产地广。按地区命名的有滇红工夫、祁门工夫、浮梁工夫、宁红工夫、湘江工夫、闽红工夫(含但洋工夫、白琳工夫、政和工夫)、越红工夫、台湾工夫、江苏工夫及粤红工夫等。按品种又分为大叶工夫和小叶工夫。大叶工夫茶是以乔木或半乔木茶树鲜叶制成;小叶工夫茶是以灌木型小叶种茶树鲜叶为原料制成的工夫茶。

红碎茶:我国红碎茶生产较晚,始于本世纪的50年代后期。近年来产量不断增加,质量也不断提高。红碎茶的制法分为传统制法和非传统制法两类。传统红碎茶:以传统揉捻机自然产生的红碎茶滋味浓,但产量较低。非传统制法的红碎茶:分为转子红碎茶(国外称洛托凡红碎茶);C·T·C红茶和L·T·P(劳瑞制茶机)红碎茶。如以C·T·C揉切机生产红碎茶,彻底改变了传统的揉切方法。萎雕叶通过两个不锈钢滚轴间隙的时间不到一秒钟就达到了破坏细胞的目的，同时使叶子全部轧碎衣颗粒状。发酵均匀而迅速，所以必须及时进行烘干，才能达到汤味浓强鲜的品质特征。以不同机械设备制成的红碎茶，尽管在其品质上差异悬殊，但其总的品质特征，共分为四个花色。

叶茶：传统红碎茶的一种花色，条索紧结匀齐，色泽乌润，内质香气芬芳，汤色红亮，滋味醇厚，叶底红亮多嫩茎；

碎茶：外形颗粒重实匀齐，色泽乌润或泛棕，内质香气馥郁，汤色红艳，滋味浓强鲜爽，叶底红匀。

片茶：外形全部为木耳形的屑片或皱折角片，色泽乌褐，内质香气尚纯，汤色尚红，滋味尚浓略涩，叶底红匀。

末茶：外形全部为砂粒状未，色泽乌黑或灰褐，内质汤色深暗，香低味粗涩，叶底暗红。红碎茶产区主要是云南、广东、海南、广红茶为我国第二大茶类，出口量占我国茶叶总产量的50%左右，客户遍布60多个国家和地区。其中销量最多的是埃及、苏丹。黎巴嫩、叙利亚、伊拉克、巴基斯坦、英国及爱尔兰、加拿大、智从德国、荷兰及东欧各国。

各类红茶名：祁门工夫、湖红工夫、滇红工夫、工夫红茶、宁红工夫、宜红工夫、越红工夫、川红工夫、政和工夫、闽红工夫、坦洋工夫、白琳工夫。

青茶（乌龙茶）及其特性

乌龙茶，亦称青茶、半发酵茶，以本茶的创始人而得名。是我国几大茶类中，独具鲜明特色的茶叶品类。

乌龙茶的产生，还有些传奇的色彩，据《福建之茶》、《福建茶叶民间传说》载清朝雍正年间，在福建省安溪县西坪乡南岩村里有一个茶农，也是打猎能手，姓苏名龙，因他长得黝黑健壮，乡亲们都叫他"乌龙"。一年春天，乌龙腰挂茶篓，身背猎枪上山采茶，采到中午，一头山獐突然从身边溜过，乌龙举枪射击但负伤的山獐拼命逃向山林中，乌龙也随后紧追不舍，终于捕获了猎物，当把山獐背到家时已是掌灯时分，乌龙和全家人忙于宰杀、品尝野味，已将制茶的事全然忘记了。翌日清晨全家人才忙着炒制昨天采回的"茶青"。没有想到放置了一夜的鲜叶，已镶上了红边了，并散发出阵阵清香，当茶叶制好时，滋味格外清香浓厚，全无往日的苦涩之味，并经心琢磨与反复试验，经过萎雕、摇青、半发酵、烘焙等工序，终于制出了品质优异的茶类新品——乌龙茶。安溪也遂之成了乌龙茶的著名茶乡了。

乌龙茶综合了绿茶和红茶的制法，其品质介于绿茶和红茶之间，既有红茶浓鲜味，又有绿茶清芬香并有"绿叶红镶边"的美誉。品尝后齿颊留香，回味甘鲜。乌龙茶的药理作用，突出表现在分解脂肪、减肥健美等方面。在日本被称之为"美容茶"、"健美茶"。

形成乌龙茶的优异品质，首先是选择优良品种茶树鲜叶作原料，严格掌握采摘标准；其次是极其精细的制作工艺。乌龙茶因其做青的方式不同，分为"跳动做青"、"摇动做青"、"做手做青"三个亚类。商业上习惯根据其产区不同分为：闽北乌龙、闽南乌龙、广东乌龙、台湾乌龙等亚类。乌龙茶为我国特有的茶类，主要产于福建的闽北、闽南及广东、台湾三个省。近年来四川、湖南等省也有少量生产。

乌龙是茶由宋代贡茶龙团、凤饼演变而来,创制于1725年(清雍正年间)前后。据福建《安溪县志》记载:"安溪人于清雍正三年首先发明乌龙茶做法,以后传入闽北和台湾。"另据史料考证,1862年福州即设有经营乌龙茶的茶栈,1866年台湾乌龙茶开始外销。现在乌龙茶除了内销广东、福建等省外,主要出口日本、东南亚和港澳地区。

各类乌龙茶名:武夷岩茶;武夷肉桂;闽北水仙;铁观音;白毛猴;八角亭龙须茶;黄金桂;永春佛手;安溪色种;凤凰水仙;台湾乌龙;台湾包种;大红袍;铁罗汉;白冠鸡;水金龟。

白茶及其特性

白茶,顾名思义,这种茶是白色的,一般地区不多见。白茶是我国的特产,产于福建省的福鼎、政和、松溪和建阳等县,台湾省也有少量生产。白茶生产已有200年左右的历史,最早是由福鼎县首创的。该县有一种优良品种的茶树——福鼎大白茶,茶芽叶上披满白茸毛,是制茶的上好原料,最初用这种茶片生产出白茶。茶色为什么是白色?这是由于人们采摘了细嫩、叶背多白茸毛的芽叶,加工时不炒不揉,晒干或用文火烘干,使白茸毛在茶的外表完整地保留下来,这就是它呈白色的缘故。

白茶最主要的特点是毫色银白,素有"绿妆素裹"之美感,且芽头肥壮,汤色黄亮,滋味鲜醇,叶底嫩匀。冲泡后品尝,滋味鲜醇可口,还能起药理作用。中医药理证明,白茶性清凉,具有退热降火之功效，海外侨胞往往将银针茶视为不可多得的珍品。白茶的主要品种有银针、白牡丹、贡眉、寿眉等。尤其是白毫银针，全是披满白色茸毛的芽尖，形状挺直如针，在众多的茶叶中，它是外形最优美者之一，令人喜爱。汤色浅黄，鲜醇爽口，饮后令人回味无穷。

各类白茶名：银针白毫、白牡丹、贡眉、白牡丹、寿眉等。

黄茶及其特性

黄茶的品质特点是"黄叶黄汤"。这种黄色是制茶过程中进行闷堆渥黄的结果。黄茶分为黄芽茶、黄小茶和黄大茶三类。黄茶芽叶细嫩，显毫，香味鲜醇。由于品种的不同，在茶片选择、加工工艺上有相当大的区别．比如，湖南省岳阳洞庭湖君山的"君山银针"茶，采用的全是肥壮的芽头，制茶工艺精细，分杀青、摊放、初烘、复摊、初包、复烘、再摊放、复包、干燥、分级等十道工序。加工后的"君山银针"茶外表披毛，色泽金黄光亮。

黄茶具有"黄叶黄汤"的特色，属于轻发酵茶。这种黄色主要是制茶过程中进行渥堆闷黄的结果。黄茶可分为黄大茶、黄小茶和黄芽茶三类。

黄大茶：著名的品种有安徽的霍山黄大茶、广东的大叶青等。

黄小茶：著名的品种有湖南宁乡的沩山毛尖、湖南岳阳的北港毛尖、湖北的远安鹿苑、浙江的平阳黄汤等。

黄芽茶：著名的品种有湖南岳阳的君山银针、四川名山的蒙顶黄芽、安徽霍山的霍山黄芽、浙江德清的莫干黄芽等。

各类黄茶名：君山银针、蒙顶黄芽、北港毛尖、鹿苑毛尖、霍山黄芽、沩江白毛尖、温州黄汤、皖西黄大茶、广东大叶青、海马宫茶。

黑茶及其特性

黑茶，由于原料粗老，黑茶加工制造过程中一般堆积发酵时间较长，因为叶色多呈暗褐色，故称黑茶。

此茶主要供一些少数民族饮用，藏族、蒙古族和维吾尔族群众喜好饮黑茶，是日常生活中的必需品。在加工工艺上，黑茶也有自己独特的工艺。黑茶产区广阔，品种花色很多，有湖南黑茶加工的黑砖、花砖、茯砖，湖北老青茶加工的青砖茶、广西六堡茶、四川的西路边茶、云南的紧茶、扁茶、方茶和圆茶等。

各类黑茶名：湘尖、湖南黑茶、老青茶、四川边茶、六堡散茶、普洱茶、黑砖茶、茯砖茶、康砖子等。

名茶荟萃

中国现代名茶品目

中国现代名茶有数百种之多，根据其历史分析，有下列三种情况：

有一部分属传统名茶，如西湖龙井、庐山云雾、洞庭碧螺春、黄山毛峰、太平猴魁、恩施玉露、信阳毛尖、六安瓜片、屯溪珍眉、老竹大方、桂平西山茶、君山银针、云南普洱茶、苍梧六堡茶、政和白毫银针、白牡丹、安溪铁观凤凰水仙、闽北水仙、武夷岩茶、祁门红茶等。

另一部分是恢复历史名茶，也就是说历史上曾有过这类名茶，后来未能持续生产或已失传的，经过研究创新，恢复原有的茶名。如休宁松罗、涌溪火青、敬亭绿雪、九华毛峰、龟山岩绿、蒙顶甘露、仙人掌茶、天池毫、贵定云雾、青城雪芽、蒙顶黄芽、阳羡雪芽、鹿苑毛尖、霍山黄芽、顾渚紫笋、径山茶、雁荡毛峰、日铸雪芽、金奖惠明、金华举岩、东阳东白等等。

还有大部分是属于新创名茶，如婺源眉、南京雨花茶、无锡毫茶、茅山青峰、天柱剑毫、岳西翠兰、齐山翠眉、望府银毫、临海蟠毫、千岛玉叶、遂昌银猴、都匀毛尖、高桥银峰、金水翠峰、永川秀芽、上饶白眉、湄江翠片、安化松针、遵义毛峰、文君绿茶、峨眉毛峰、雪芽、雪青、仙台大白、早白尖红茶、黄金桂、秦巴雾毫、汉水银梭、八仙云雾、南糯白毫、午子仙毫等等。

近年来，全国各茶区十分重视名茶的开发研究，新创名茶层出不穷，加之全国各地各种名茶评比活动，诸如评比会、斗茶会、展评会、博览会、品尝会等等，更促进了名茶生产的发展。现就各主要产茶省生产的名茶品目况作一简要介绍。

安徽省：

红茶有祁门的祁红；绿茶有休宁、歙县的屯绿，黄山的黄山毛峰、黄山银钩，六安的瓜片、齐山名片，太平的太平猴魁，休宁的休宁松萝，泾县的涌溪火青、泾县特尖，青阳的黄石溪毛峰，歙县的老竹大方、绿牡丹，宣城的敬亭绿绿雪、天湖凤片、高峰去雾茶，金寨的齐山翠眉、齐山毛尖，舒城的兰花茶，桐城的天鹅香、桐城小花，九华山的闵园毛峰，绩溪的金山时茶，休宁的白岳黄芽、洲茶，潜山的天柱剑毫，岳西的翠兰，宁国的黄花云尖，霍山的翠芽，庐江的白云春毫等；黄茶有皖西黄大黄等。

浙江省：

绿茶有杭州的西湖龙井、莲芯、雀舌、莫干黄芽，天台的华顶云雾，嵊县的前岗白、平水珠茶，兰溪的毛峰，建德的苞茶，长兴的顾渚紫笋，景宁的金奖惠明茶，乐清的雁荡毛峰，天目山的天目青顶，普陀的佛茶，淳安的大方、千岛玉叶、鸠坑毛尖，象山的珠山茶，东阳的东白春芽、太白顶芽，桐庐的天尊贡芽，余姚的瀑布茶、仙，绍兴的日铸雪芽，安吉的白片，金华的双龙银针，婺州举岩、翠峰，开化的龙顶，嘉兴的家园香，临海的云峰、蟠毫，余杭的径山茶，遂日报银猴，盘安的云峰，江山的绿牡丹，松阳的银猴，仙居的碧绿，泰顺的香菇寮白毫，富阳的岩顶，浦江的春毫，宁海的望府银毫，诸暨的西施银芽等。黄茶有温州黄汤。红茶有杭州的九曲红梅。

江西省：

绿茶有庐山的庐山云雾，遂川的狗牯脑茶，婺源的眉、大鄣山云雾茶、珊厚香茶、灵岩剑峰、梨园茶、天舍厅峰，井岗翠绿，上饶的仙台大白、白眉，南城的麻姑茶，修水的双井绿、眉峰云雾、凤凰舌茶，临川的竹叶青，宁都的小布岩茶、翠微金精茶、太沽白毫，安远的和雾茶，兴国的均福云雾茶，南昌的梁渡银针、白虎银毫、前岭银毫，吉安的龙舞茶，上犹的梅岭毛尖，永新的崖雾茶，铅山的苦甘香，遂川的羽绒茶、圣绿，定南的天花茶，丰城的罗峰茶、周打铁茶，高安的瑞州黄檗茶，永修的攒林茶，金溪的云林茶，安远的九龙茶，宜丰的黄檗茶，泰和蜀口茶，南康的窝坑茶，石城的通天岩茶，吉水的黄狮茶，玉山的三清云雾等。红茶有修水的宁红。

四川省：

绿茶有名山的蒙顶茶、蒙山甘露、蒙山春露、万春银叶、玉叶长春，雅安的峨眉毛峰、金尖茶、雨城银芽、雨城云雾、雨城露芽，灌县的青城雪芽，永川的秀芽，邛崃的文君绿茶，峨眉山的峨芯、竹叶青，雷波的黄郎毛尖，达县的三清碧兰，乐山的沫若香、重庆的巴山银芽、缙云毛峰、大足松等。红茶有宜宾的早白尖工夫红茶，南川的大叶红碎茶。紧压茶有重庆沱茶。

江苏省：

绿茶有宜兴的阳羡雪芽、荆溪云片，南京的雨花茶，无锡的二泉银毫、无锡毫茶，溧阳的南山寿眉、前峰雪莲，江宁的翠螺、梅花茶，苏州的碧螺春，金坛的誉舌、茅麓翠峰、茅山青峰，连云港的花果山云雾茶，镇江的金山翠芽等。

湖北省：

绿茶有恩族的玉露，宜昌的邓村绿茶、峡州碧峰、金岗银针，随州的车云山毛尖、棋盘山毛尖、云雾毛尖，当阳的仙人掌茶，大梧的双桥毛尖，红安的天台翠峰，竹溪的毛峰，宜都的熊洞云雾，鹤峰的容美茶，武昌的龙泉茶、剑毫，咸宁的剑春茶、莲台龙井、白云银毫、翠蕊，保康的九皇云雾，蒲圻的松峰茶，隆中的隆中茶，英山的长冲茶，麻城的龟山岩绿，松滋的碧涧茶，兴山的高岗毛尖，保康的银芽等。

湖南省：

绿茶有长沙的高桥银峰、湘波绿、河西园茶、东湖银毫、岳麓毛尖，郴县的五盖山米茶、郴州碧云，江华的毛尖，桂东的玲珑茶，宜章的骑田银毫，永兴的黄竹白毫，石太的毛尖、狮口银芽，大庸的毛尖、青岩翠、龙虾茶，沅陵的碣滩茶、官庄毛尖，岳阳的洞庭春、君山毛尖，石门的牛抵茶，临湘的白石毛尖，安化的安化松针，衡山的南岳云雾茶、岳北大白，韶山的韶峰，桃江的雪峰毛尖，保靖的保靖岚针，慈利的甑山银毫，零陵的凤岭容诸笋茶，华容的终南毛尖，新华的月芽茶等。

福建省：

乌龙茶有崇安武夷山的武夷岩茶，包括武夷水仙、大红袍、肉桂等，安溪的铁观音、黄金桂、色种等，崇安、建瓯的龙须茶，永春的佛手，诏安的八仙茶等。绿茶有南安的石亭绿，罗源的七境堂绿茶，龙岩的斜背茶，宁德的天山绿茶，福鼎的莲心茶等。白茶有政和、福鼎的白毫银针、白牡丹，福安的雪芽等。花茶有神州的茉莉花茶，还有茉莉银毫、茉莉春风、茉莉雀舌毫等。红茶有福鼎的白琳工夫，福安的坦洋工夫，崇安的正山小种等。

云南省：

红茶有凤庆、勐海的滇红工夫红茶、云南红碎茶。黑茶有西双版纳、思茅的普洱茶。紧压茶有下关的云南沱茶。绿茶有勐海的南糯白毫、云海白毫、竹筒香茶，宜良的宝洪茶，大理的苍山雪绿，黑江的云针，绿春的玛玉茶，牟定的化佛茶，大关的翠华茶等。

广东省：

乌龙茶有潮州的凤凰单枞、凤凰乌龙、凤凰水仙，还有岭头单枞、石古坪乌龙、大叶奇兰等。红茶有英德红茶、荔枝红茶、玫瑰红茶等。绿茶有高鹤的古劳茶、信宜的合箩茶等。

海南省：

南海、通什、岭头等的海南红茶。

广西壮族自治区：

绿茶有桂平的西山茶，横县的南山白毛茶，凌云的凌云白毫，贺县的开山白毫，昭平的象横云雾，桂林的毛尖，贵港的覃塘毛尖等。花茶有桂北的桂花茶。红茶有广西红碎茶，黑茶有苍梧六堡茶。

河南省：

绿茶有信阳的信阳毛尖，固始的仰天雪绿，桐柏的太白银毫等。

山东省：

绿茶有日照的雪青、冰绿等。

贵州省：

绿茶有贵定的贵定云雾，都匀的都云毛尖，湄潭的湄江翠片、遵义毛峰，大方的海马宫茶，贵阳的羊艾毛峰，平坝的云针绿茶等。

陕西省：

绿茶有西乡的午子仙毫，南郑的汉水银梭，镇巴的秦巴雾毫，紫阳的紫阳毛尖、紫阳翠峰，平利的八仙云雾等。

台湾省：

乌龙茶有南投的冻顶乌龙，台北、花莲的包种茶等。

名茶介绍

西湖龙井

西湖龙井，居中国名茶之冠。产于浙江省杭州市西湖周围的群山之中。多少年来，杭州不仅以美丽的西湖闻名于世界，也以西湖龙井茶誉满全球。西湖群山产茶已有千百年的历史，在唐代时就享有盛名，但形成扁形的龙井茶，大约还是近百年的事。相传，乾隆皇帝巡视杭州时，曾在龙井茶区的天竺作诗一首，诗名为《观采茶作歌》。

西湖龙井茶向以"狮（峰）、龙（井）、云（栖）、虎（跑）、梅（家坞）"排列品第，以西湖龙井茶为最。龙井茶外形挺直削尖、扁平俊秀、光滑匀齐、色泽绿中显黄。冲泡后，香气清高持久，香馥若兰；汤色杏绿，清澈明亮，叶底嫩绿，匀齐成朵，芽芽直立，栩栩如生。品饮茶汤，沁人心脾，齿间流芳，回味无穷。

龙井茶区分布在西湖湖畔的秀山峻岭之上。这里傍湖依山，气候温和，常年云雾缭绕，雨量充沛，加上土壤结构疏松、上质肥沃，茶树根深叶茂，常年莹绿。从垂柳吐芽，至层林尽染，茶芽不断萌发，清明前所采茶芽，称为明前茶。炒一斤明前茶需七八万芽头，属龙井茶之极品。龙井茶的外形和内质是和其加工手法密切相联的。

过去，都采用七星柴灶炒制龙井茶，掌火十分讲究，素有"七分灶火，三分炒"之说法。现在，一般采用电锅，既清洁卫生，又容易控制锅温,保证茶叶质量。炒制时,分"青锅"、"烩祸"两个工序,炒制手法很复杂,一般有抖、带、甩、挺、拓、扣、抓、压、磨、挤等十大手法,炒制时,依鲜叶质量高低和锅中茶坯的成型程度,不时地改换手法,因势利炒而成。

洞庭碧螺春

中国著名绿茶之一。洞庭碧螺春茶产于江苏省吴县太湖洞庭山。相传,洞庭东山的碧螺春峰,石壁长出几株野茶。当地的老百姓每年茶季持筐采摘,以作自饮。有一年,茶树长得特别茂盛,人们争相采摘,竹筐装不下,只好放在怀中,茶受到怀中热气熏蒸,奇异香气忽发,采茶人惊呼:"吓煞人香",此茶由此得名。有一次,清朝康熙皇帝游览太湖,巡抚宋公进"吓煞人香"茶,康熙品尝后觉香味俱佳,但觉名称不雅,遂题名"碧螺春"。

太湖辽阔,碧水荡漾,烟波浩渺。洞庭山位于太湖之滨,东山是犹如巨舟伸进太湖的半岛,西山是相隔几公里、屹立湖中的岛屿,西山气候温和,冬暖夏凉,空气清新,云雾弥漫,是茶树生长得天独厚的环境,加之采摘精细,做工考究,形成了别具特色的品质特点。碧螺春茶条索纤细,卷曲成螺,满披茸毛,色泽碧绿。冲泡后,味鲜生津,清香芬芳,汤绿水澈,叶底细匀嫩。尤其是高级碧螺春,可以先冲水后放茶,茶叶依然徐徐下沉,展叶放香,这是茶叶芽头壮实的表现,也是其它茶所不能比拟的。因此,民间有这样的说法:碧螺春是"铜丝条,螺旋形,浑身毛,一嫩(指芽叶)三鲜(指色、香、味)自古少"。

碧螺春茶从春分开采,至谷雨结束,采摘的茶叶为一芽一叶,对采摘下来的芽叶还要进行拣剔,去除鱼叶、老叶和过长的茎梗。一般是清晨采摘,中午前后拣剔质量不好的茶片,下午至晚上炒茶。目前大多仍采用手工方法炒制,其工艺过程是:杀青——炒揉——搓团焙干。三个工序在同一锅内一气呵成。炒制特点是炒揉并举,关键在提毫,即搓团焙干工序。

碧螺春一般分为7个等级,大体上芽叶随1－7级逐渐增大,茸毛逐渐减少。碧螺春的茶叶非常娇嫩,采摘必须及时和细致。从采、拣到制,三道工序都必须非常精细。只有细嫩的芽叶,巧夺天工的高超手艺,才能形成碧螺春的色、香、味形俱全的独特风格。

细啜慢品碧螺春的花香果味,头酌色淡、幽香、鲜雅;二酌翠绿、芬芳、味醇;三酌碧清、香郁、回甘,使人心旷神怡,仿佛置身于洞庭东西山的茶园果圃之中,领略那"入山无处不飞翠,碧螺春香百里醉"的意境,真是其贵如珍,不可多得。

洞庭碧螺春茶风格独具,驰名中外,常用之招待外宾或作高级礼品,它不仅畅销于国内市场,还外销至日本、美国、德国、新加坡等国。

安溪铁观音

安溪铁观音原产于福建省安溪县西坪尧阳,属青茶类,是我国乌龙茶中的极品,也是我国十大名茶之一。安溪铁观音茶历史悠久,素有茶王之称。据载,安溪铁观音茶起源于清雍正年间(1725－1735年)。安溪县境内多山,气候温暖,雨量充足,茶树生长茂盛,茶树品种繁多,姹紫嫣红,冠绝全国。

安溪铁观音茶,一年可采四期茶,分春茶、夏茶、暑茶、秋茶。制茶品质以春茶为最佳。采茶日之气候以晴天有北风天气为好，所采制茶的品质最好。因此，当地采茶多在晴天上午10时至下午3时前进行。铁观音的制作工序与一般乌龙茶的制法基本相同，但摇青转数较多，凉青时间较短。一般在傍晚前晒青，通宵摇青、凉青，次日晨完成发酵，再经炒揉烘焙，历时一昼夜。其制作工序分为晒青、摇青、凉青、杀青、切揉、初烘、包揉、复烘、烘干9道工序。其做青为形成"铁观音"茶色、香、味的关键。毛茶再经过筛分、风选、拣剔、干燥、匀堆等精制过程后，既成为品茶。优质铁观音茶质高超，独具风韵，品饮安溪铁观音是一种美的修养、美的享受。

品质优异的安溪铁观音茶条索肥壮紧结，质重如铁，芙蓉沙绿明显，青蒂绿，红点明，甜花香高，甜醇厚鲜爽，具有独特的品味，回味香甜浓郁，冲泡7次仍有余香；汤色金黄，叶底肥厚柔软，艳亮均匀，叶缘红点，青心红镶边。历次参加国内外博览会都独占魁首，多次获奖，享有盛誉。

黄山毛峰

黄山毛峰茶产于安徽省太平县以南，歙县以北的黄山。黄山是我国景色奇绝的自然风景区。那里常年云雾弥漫，云多时能笼罩全山区，山峰露出云上，像是若干岛屿，故称云海。黄山的松或倒悬，或惬卧，树形奇特。黄山的岩峰都是由奇、险、深幽的山岩聚集而成。

云、松、石的统一，构成了神秘莫测的黄山风景区，这也给黄山毛峰茶蒙上了种种神秘的色彩。黄山毛峰茶园就分布在云谷寺、松谷庵、吊桥庵、慈光阁以及海拔1200米的半山寺周围，在高山的山坞深谷中，坡度达30—50度。这里气候温和，雨量充沛，土壤肥沃，上层深厚，空气湿度大，日照时间短。在这特殊条件下，茶树天天沉浸在云蒸霞蔚之中，因此茶芽格外肥壮，柔软细嫩，叶片肥厚，经久耐泡，香气馥郁，滋味醇甜，成为茶中的上品。

黄山毛峰茶起源于清代光绪年间，而黄山茶叶在300年前就相当著名了。黄山茶的采制相当精细，认清明到立夏为采摘期，采回来的芽头和鲜叶还要进行选剔，剔去其中较老的叶、茎，使芽匀齐一致。在制作方面，要根据芽叶质量，控制杀青温度，不致产生红梗、红叶和杀青不匀不透的现象；火温要先高后低，逐渐下降，叶片着温均匀，理化变化一致。每当制茶季节，临近茶厂就闻到阵阵清香。黄山毛峰的品质特征是：外形细扁稍卷曲，状如雀舌披银毫，汤色清澈带杏黄，香气持久似白兰。

祁门红茶

在红遍全球的红茶中，祁红独树一帜，百年不衰，以其高香形秀着称，在国际市场上被称之为"高档红茶"，特别是在英国伦敦市场上，祁红被列为茶中"英豪"，每当祁红新茶上市，人人争相竞购，他们认为"在中国的茶香里，发现了春天的芬芳"。

祁门红茶，简称祁红，产于黄山西南的安徽省祁门县，为工夫红茶中的珍品，1915年曾在巴拿马国际博览会上荣获金牌奖章，创制一百多年来，一直保持着优异的品质风格，蜚声中外。过去也有人将与之毗连的黟（yī）县、东至、石台、贵池等地所产的红茶统称祁红。如今这些地区所产的红茶已称"池红"。

祁红产区，自然条件优越，山地林木多，茶园多分布于海拔100~350米的山坡与丘陵地带，温暖湿润，土层深厚，雨量充沛，云雾多，很适宜于茶树生长，加之当地茶树的主体品种——槠叶种内含物丰富，酶活性高，很适合于工夫红茶的制造。

祁红采制工艺精细，于每年的清明前后至谷雨前开园采摘，现采现制，以保持鲜叶的有效成分。采摘一芽二、三叶的芽叶作原料，经过萎凋、揉捻、发酵，使芽叶由绿色变成紫铜红色，香气透发，然后进行文火烘焙至干。红毛茶制成后，还须进行精制，精制工序复杂花工夫，经毛筛、抖筛、分筛、紧门、撩筛、切断、风选、拣剔、补火、清风、拼和、装箱而制成。

祁门红茶独具特色，外形条索紧细秀长，金黄芽毫显露，锋苗秀丽，色泽乌润；冲泡后汤色红艳明亮，香气芬芳，馥郁持久，似苹果与兰花香味。在国际市场上誉为"祁门香"。如加入牛奶、食糖调饮，亦颇可口，茶汤呈粉红色，香味不减，不仅含有多种营养成分，并且有药理疗效。

祁门红茶从1875年问世以来，为我国传统的出口珍品，久已享誉国际市场。该茶在国际市场上与印度大吉岭、斯里兰卡乌伐红茶齐名，并称为世界三大高香名茶。已出口英、北欧、德、美、加拿大、东南亚等50多个国家和地区。

君山银针

君山银针是我国"十大名茶"之一，产于湖南省洞庭湖中的君山岛上，属于黄茶类针形茶，有"金镶玉"之称。君山茶，始于唐代，清代纳入贡茶。旧时曾经用过黄翎毛、白毛尖等名，后来，因为它的茶芽挺直，布满白毫，形似银针而得名"君山银针"。

君山又名洞庭山，岛上土壤肥沃，多为砂质土壤，年平均温度 16～17℃，年平均降水量为 1340 毫米，3 月至 9 月间的相对湿度约为 80%，气候非常湿润。每当春夏季节，湖水蒸发，云雾弥漫，岛上竹木丛生，生态环境十分适宜茶树的生长。

君山银针茶于清明前三四天开采，以春茶首轮嫩芽制作，且须选肥壮、多毫、长 25～30 毫米的嫩芽，经拣选后，以大小匀齐的壮芽制作银针。

君山银针的制作工艺非常精湛，需经过杀青、摊凉、复包、足火等八道工序，历时三四天之久。优质的君山银针茶在制作时特别注意杀青、包黄与烘焙的过程。

根据芽头的肥壮程度，君山银针可以分外特号、一号、二号三个档次。君山银针的质量超群，风格独特，为黄茶之珍品。它的外形，芽头茁壮、坚实挺直、白毫如羽，芽身金黄发亮，内质毫香鲜嫩。冲泡后，芽竖悬汤中冲升水面，徐徐下沉，再升再沉，三起三落，蔚成趣观，而汤色杏黄明净，叶底肥厚匀亮，滋味甘醇甜爽，久置不变其味。

武夷大红袍

武夷大红袍，是中国名茶中的奇葩，有"茶中状元"之称。它是武夷岩茶中的王者，素有"岩茶之王"的美称，堪称国宝。

大红袍母树于明末清初发现并采制距今已有 350 年的历史。数百年来盛名不衰，其传说颇多，广为流传。武夷山位于福建省武夷山市东南部，大红袍母树生长在武夷山天心九龙窠的悬崖峭壁上，两旁岩壁矗立，日照短，温度适宜，终年有涓涓细泉滋润茶树，由枯叶、苔藓等植物腐烂形成的有机物，肥沃土地，为茶树补充养分，使得大红袍天赋不凡，得天独厚，品质超群。

古时采摘大红袍，需焚香礼拜，设坛诵经，使用特制器具，由名茶师制作。解放初期，大红袍在采制期间有驻军看守，制作过程中的每道工序都有专人负责并称重后签字，最后加封后由专人送呈当地市人民政府。现在，大红袍母树的管理、采制已由市政府指定交市岩茶总公司茶叶研究所管理、制作。

武夷山的红袍外形条索紧结，色泽绿褐鲜润，冲泡后汤色橙黄明亮，叶片红绿相间，具有明显的"绿叶红镶边"之美感。大红袍品质最突出之处是它的香气馥郁，香高而持久，滋味醇厚，饮后齿颊留香，"岩韵"明显，与其它名茶对照冲至九泡尚不脱原茶真味——桂花香。

六安瓜片

六安瓜片茶是绿茶中的名品，但由于产量的制约，很多茶客对它"只闻其名，未见其容"。绿茶按外形区分，可有7种，一是扁平挺直状的，如西湖龙井；二是芽茸状的，如碧螺春；三是芽苞状或芽尖状的，如黄山毛峰、信阳毛尖；四是圆珠状的，如平水珠茶；五是眉条状的，如屯绿；六是针状的，如南京雨花茶；还有一种便是片状的，其代表品种就是六安瓜片了。

顾名思义，六安瓜片产于安徽省六安县，外形似瓜子，呈片状。实际上这句话还不够准确，六安瓜片的真正产地的安徽省的六安、金寨和霍山三县，以金寨县齐云山鲜花蝙蝠洞所产之茶质量最高,故又称"齐云名片"。而之所以称"六安瓜片",主要是因为金寨和霍山两县旧时同属六安州。这个地区位于皖西大别山区,山高林密,云雾弥漫,空气湿度大,年降雨量充足,具备了良好的产茶自然环境。更为奇特的是,蝙蝠洞的周围,整年有成千上万的蝙蝠云集在这里,排撒的粪便富含磷质,利于茶树生长。

六安产茶,有着悠久的历史。史书记载,六安茶始于唐代,扬名于明清,曾一度作为贡品,献于宫廷,明朝闻尤《茶笺》一书称:"六安精品,入药最佳"。解放后,三次被评为国家优质名茶,出口到香港等地。据周恩来总理的卫士乔金旺回忆,总理病重期间,有一次突然提出想喝六安瓜片茶,办公厅的人费了很大周折,才满足了他老人家的心愿。喝过茶后,总理解释说,抗战初期,新四军军长叶挺曾送他一大筒六安瓜片茶,喝了这种茶,就好像看到了叶挺将军。可见六安瓜片在两人心中的位置。

六安瓜片的成品,叶缘向背面翻卷,呈瓜子形,汤色翠绿明亮,香气清高,味甘鲜醇,又有清心明目,提神乏,通窍散风之功效。如此优良的品质,缘于得天独厚的自然条件,同时也离不开精细考究的采制加工过程。瓜片的采摘时间一般在谷雨致电立夏之间,较其它高级茶迟半月左右,攀片时要将断梢上的第一叶到第三四叶和茶芽,用手一一攀下,第一叶制"提片",二叶制"瓜片",三叶或四叶制"梅片",芽制"银针",随攀随炒。炒片起锅后再烘片,每次仅烘片2-3两,先"拉小火",再"拉老火",直到叶片白霜显露,色泽翠绿均匀,然后趁热密封储存。果如宋代梅尧臣《茗赋》所言:"当此时也,女废蚕织,男废农耕,夜不得息,昼不得停"。

云南普洱茶

云南普洱茶是云南的名茶，古今中外负有盛名，它以西双版纳地区仅有的滇青毛茶为原料，经再加工而制成的。普洱茶的历史十分悠久，早在唐代就有普洱茶的贸易了。

普洱茶采用的是优良品质的云南大叶种茶树之鲜叶，分为春、夏、秋三个规格。春茶有分为"春尖"、"春中"、"春尾"三个等级；夏茶又称"二水"；秋茶又称为"谷花"。普洱茶中以春尖和谷花的品质最佳。

在古代，普洱茶是作为药用的。其品质特点是：香气高锐持久，带有云南大叶茶种特性的独特香型，滋味浓强富于刺激性；耐泡，经五六次冲泡仍持有香味，汤橙黄浓厚，芽壮叶厚，叶色黄绿间有红斑红茎叶，条形粗壮结实，白毫密布。

普洱茶的产区，气候温暖，雨量充足，湿度较大，土层深厚，有机质含量丰富。茶树分为乔木或乔木形态的高大茶树，芽叶极其肥壮而茸毫茂密，具有良好的持嫩性，芽叶品质优异。采摘期从3月开始，可以连续采至11月。在生产习惯上，划分为春、夏、秋茶三期。采茶的标准为二三叶。其制作方法为亚发酵青茶制法，经杀青、初揉、初堆发酵、复揉、再堆发酵、初干、再揉、烘干8道工序。

现在，普洱茶的种植面积很广泛，已经扩大到云南省的大部分地区，以及贵州省、广西省、广东省及四川省的部分地区，原属普洱县管辖的云南澜沧江流域的西双版纳傣族自制州、思茅等地是普洱茶的最主要产区，其中又以勐海海县勐海茶厂的产量最大。

普洱茶有散茶与型茶两种。运销港、澳地区及日本。马来西亚、新加坡、美国、法国等十几个国家。

庐山云雾

中国著名绿茶之一。巍峨峻奇的庐山，自古就有"匡庐奇秀甲天下"之称。庐山在江西省九江市，山从平地起，飞峙江湖边，北临长江，甫对鄱阳湖，主峰高耸入云，海拔1543米。

山峰多断崖陡壁，峡谷深幽，纵横交错，云雾漫山间，变幻莫测，春夏之交，常见白云绕山。有时淡云飘渺似薄纱笼罩山峰，有时一阵云流顺陡峭山峰直泻千米，倾注深谷，这一壮丽景观即着称之庐山"瀑布云"。蕴云蓄雾，给庐山平添了许多神奇的景色，且以云雾作为茶叶之命名。

据载，庐山种茶始于晋朝。唐朝时，文人雅士一度云集庐山，庐山茶叶生产有所发展。相传著名诗人白居易曾在庐山香炉峰下结茅为屋，开辟园圃种茶种药。宋朝时，庐山茶被列为"贡茶"。庐山云雾茶色泽翠绿，香如幽兰，味浓醇鲜爽，芽叶肥嫩显白亮。

"庐山云雾"茶的采摘，是在一年一度的清明节前后开始。尤其是清明之前所采的"明前茶"最为珍贵。此时大地刚刚回暖，茶芽非常稚嫩。《庐山志》中廖雨《采茶谣》记录了"明前茶"的采制："常年采茶早，今年采茶迟。四月寒风吹，石圃云根冻，护香香一丝……"。采回的嫩芽必须在当天进行处理，要经过刹青、抖散、揉捻、理条、烘干等多道加工工序。茶农加工一公斤成茶，大约需要十万多个鲜嫩的芽头。

加工好的"庐山云雾"，一芽一叶，色泽翠绿。浸泡出的茶汤中，含有大量茶多酚和浸出物，高香持久。

茶与水的关系密不可分，陆羽将煮茶的水分为三等。他在《茶经》中写到："其水，用山水上、江水中、井水下"。然而，庐山茶的品质，或许正是得益于庐山的自然环境和山间的泉水才越显高贵。而汉阳峰下这康王谷的水，却是因庐山中有了好茶才出名。

由于庐山云雾茶品质优良，深受国内外消费者的欢迎。现在，除畅销国内市场外，还销往日本、德国、韩国、美国、英国等国，尤其是随着庐山旅游业的发展，庐山云雾茶的需求量日益增大，凡到庐山的中外游客，都买些庐山云雾茶，以便馈赠亲友。1959年，朱德同志到庐山品尝此茶时，欣然作诗称颂："庐山云雾茶，味浓性泼辣，若得长时饮，延年益寿法。"

冻顶乌龙

冻顶茶，被誉为台湾茶中之圣。产于台湾省南投鹿谷乡。它的鲜叶，采自青心乌龙品种的茶树上，故又名"冻顶乌龙"。冻顶为山名，乌龙为品种名。

冻顶产茶历史悠久，据《台湾通史》称：台湾产茶，其来已久，旧志称水沙连（今南投县埔里、日月潭、水里、竹山等地）社茶，色如松萝，能避瘴祛暑。至今五城之茶，尚售市上，而以冻顶为佳，惟所出无多。又据传说，清咸丰五年（1855年），南投鹿谷乡村民林凤池，往福建考试读书，还乡时带回武夷乌龙茶苗36株种于冻顶山等地，逐渐发展成当今的冻顶茶园。

冻顶山是凤凰山的支脉，居于海拔700米的高岗上，传说山上种茶，因雨多山高路滑，上山的茶农必须蹦紧脚尖（冻脚尖）才能上山顶，故称此山为"冻顶"。冻顶山上栽种了青心乌龙茶等茶树良种，山高林密土质好，茶树生长茂盛。

冻顶乌龙茶是台湾包种茶的一种，所谓"包种茶"，其名源于福建安溪，当地茶店售茶均用两张方形毛边纸盛放，内外相衬，放入茶叶4两，包成长方形四方包，包外盖有茶行的唛头，然后按包出售，称之为"包种"。台湾包种茶属轻度或中度发酵茶，亦称"清香乌龙茶"。包种茶按外形不同可分为两类，一类是条形包种茶，以"文山包种茶"为代表；另一类是半球形包种茶，以"冻顶乌龙茶"为代表。素有"北文山、南冻顶"之美誉。

冻顶乌龙茶的采制工艺十分讲究，采摘青心乌龙等良种芽叶，经晒青、凉青、浪青、炒青、揉捻、初烘、多次反复的团揉（包揉）、复烘、再焙火而制成。

冻顶乌龙茶的品质特点为：外形卷曲呈半球形，其上选品外观色泽呈墨绿鲜艳，并带有青蛙皮般的灰白点，条索紧结弯曲，冲泡后汤色黄绿明亮，香气高，有花香略带焦糖香，滋味甘醇浓厚，耐冲泡。冻顶乌龙茶品质优异，历来深受消费者的青睐，畅销台湾、港澳、东南亚等地，近年来中国内地一些茶艺馆也时髦饮用冻顶乌龙茶。

第三章 茶道茶艺

泡茶技法

泡茶技法之一：传统泡法

特色：道具简单，泡法自由十分适合大众饮用。

冲泡步骤：

烫壶：将沸水冲入壶中至溢满为止.

倒水：将壶内的水倒出至茶船中。

置茶：这是比较讲究的置茶方式，将一茶漏斗放在壶口处，然后用茶匙拨茶入壶。

注水：将烧的水注入壶中，至泡沫溢出壶口。

倒茶：

1. 先提壶沿茶船沿逆行转圈，用意在于刮去壶底的水滴，俗称"关公巡城"（是因为一般壶都是红色，刚从茶池中提出时热气腾腾，有如关公威风凛凛，带兵巡城），注意磨壶时的方向，右手执壶的欢迎喝茶时要逆时针方向磨，送客时则往顺时针方向磨，如是左手提壶，则反之。

2. 将壶中的茶倒入公道杯，可使茶汤均匀。

3. 另一种均匀茶的方法是在用茶壶轮流给几杯同时倒茶，当将要倒完时，把剩下的茶汤分别点入各杯中，俗称"韩信点兵"。注意倒茶时不能一次倒满一杯，至七分满处为好。

分茶：将茶中的茶汤到入茶杯中，以七分满为宜。

奉茶：自由取饮，或由专人奉上。

去渣：用渣匙将壶中茶渣清出。

以备后用：客人离去后，洗杯，洗壶以备下次用。

泡茶技法之二：安溪泡法

特色：安溪式泡法，重香，重甘，重纯，茶汤九泡为限，每三泡为一阶段。第一阶段闻其香气是否高，第二阶段尝其滋味是否醇，第三阶段看其颜色是不有变化。所以有口诀曰：

一二三香气高。

四五六甘渐增。

七八九品茶纯。

冲泡步骤：

备具：茶壶的要求与潮州式泡相同，安溪式泡法以烘茶为先，另外准备闻香杯。

温壶、温杯：温壶时与潮州无异，置茶仍以手抓，唯温杯时里外皆烫。

烘茶：与潮州式相比，时间较短，因高级茶一般保存都较好。

置茶：置茶量依茶性而定。

冲水：冲水后大约十五秒中即倒茶。（利用这时间将温杯水倒回池中）。

倒茶：不用公道杯，直接倒入闻香杯中，第一泡倒三分之一，第二泡依旧，第三泡倒满。

闻香：将品茗杯及闻香杯一齐放置在客人面前。（品茗杯在左，闻香杯在右）

抖壶：每泡之间，以布包壶，用力摇三次。（抖壶是使内外温度，开水冲入后不摇是为使其浸出物增多。这与潮州式在摇壶意义恰恰相反，因为所用的茶品质不同。

泡茶技法之三：潮州泡法

特色：针对较粗制的茶，使价格不高的一般茶叶能泡出不凡的风味。讲究一气呵成，在泡茶过程中不允许说话，尽量避免干扰，使精、气、神三者达到统一的境界。对于茶具的选用，动作，时间以及茶汤的变化都有极高的要求。（类似于日本茶道，只比其逊于对器具的选用）

冲泡步骤：

备茶具：泡茶者端坐，静气凝神，右边大腿上放包壶用巾，左边大大上腿放擦杯白巾，桌面上放两面方巾间放中深的茶匙。

温壶、温盅：滚沸的热水倒入壶内，再倒入茶盅。

干壶：持壶在包壶用巾布上拍打，水滴尽后轻轻甩壶，向摇扇一样，手腕要柔，直至壶中水份完全干为止。

置茶：以手抓茶，视其干燥程度以定烘茶长短。

烘茶：置茶入壶后，若茶叶在抓茶时，感觉未受潮，不烘也可以，若有受潮，则可多烘几次。烘茶并非就火炉烤，而是以水温烘烤，如此能使粗制的陈茶，霉味消失，有新鲜感，香味上扬，滋味迅速溢出。（潮州式所用的茶壶密封性要很好，透气孔要能禁水，烘茶时可先用水抹湿接合处，以防冲水时水份渗进。）

洗杯：洗茶时，将茶盅内的水倒入杯中。

冲水：烘茶后，把壶从池中提起，用壶布包住，摇动，使壶内外温度配合均匀，然后将壶放入茶池中，再将适温的水倒入壶中。

摇壶：冲水满后，迅速提起，至于桌面巾上，按住气孔，快速左右摇晃，其用意在使茶叶浸出物浸出量均匀。若第一泡摇四下，则第二泡，第三泡则顺序减一。

倒茶：按住壶孔摇晃后，随即倒入茶海。第一泡茶汤倒完后，就用布包裹，用力抖动，使壶内上下湿度均匀。抖壶的次数与摇次数相反。第一泡摇多抖少，往后则摇少抖多。

分杯：潮州式以三泡为止，其要求是，三泡的茶汤须一致，所以在泡茶过程中不可分神，三泡完成后，才可如释重负与客人分杯品茗。

泡茶技法之四：宜兴泡法

特色：此种泡法是融合各地的方法，研究出的一套合乎逻辑的流畅泡法，讲究水的温度。

冲泡步骤：

赏茶：由茶罐直接将茶倒入茶荷（一种盛茶的专用器皿，类似小碟）。由专人奉至饮者面前，以供其观看茶形，闻取茶香。

温壶：将热水冲入壶中至半满即可，再将壶内的水倒出到茶池中。

置茶：将茶荷的茶叶拨入壶中。

温润泡：注水入壶到满为止，盖上壶盖后立将水倒入茶公道杯中（目的是为茶叶吸收水份并可洗去茶的不洁之嫌）。

温杯烫盏：将公道杯中的水再倒入茶盅中，以提高杯的温度，有利于更好的泡制茶叶。

第一泡：将适温的热水冲入壶中，注意时间以所泡茶叶的品质而定。

干壶：执起茶壶，先将壶底部在茶巾上沾一下，拭去壶底的水滴。

倒茶：将茶汤倒入公道杯中。

分茶：将公道杯的茶汤倒入茶杯中，以七分满为宜。

洗壶、去渣：先将壶中的残茶取出，再冲入水将剩余茶渣清出倒入池中。

倒水：将茶池中的水倒掉。清洗一切用具，以备再用。

泡茶技法之五：诏安泡法

特色：用于冲泡陈茶，在纸巾上分出茶形，以及洗杯的讲究。

冲泡步骤：

备具：首先将布巾折叠整齐，放在泡者习惯位置，茶盘放在壶的正前方。

整茶形：因泡茶所用的者是陈年茶，碎渣较多，所以要整形，将茶置于纸方巾上，折合轻抖，粗细自然分开。整理完茶形，将茶叶置放桌上，请客人鉴赏。

烫壶：烫壶时，盖斜置壶口，连壶盖一起烫。

置茶：烫壶用的水倒掉后，盖放在杯上，等到壶身水气一干即可置茶，将细末倒在低处，粗形倒近流口，避免阻塞。

冲水：泡沫满溢壶口为止。

洗杯：诏安式所用茶杯为蛋壳杯，极薄极轻，洗杯时将杯排放小盘中央，每杯注水约三分之一，洗杯时双手迅速将前面两杯水倒入后两杯，中指托杯底，拇指拨动，示指控制平衡，在杯上洗杯，动作必须利落灵巧、运用自如，泡茶的功夫高低从洗杯动作就可断定。

诏安式以洗杯来记量茶汤浓度，第一泡以双手洗一遍，第二泡以双手洗一来回，第三泡则以单手洗一循环，主人喝的留在最后，水溢杯后，用中指擦掉一小部份水，示指、拇指捏拿倒掉。

倒茶：持别注意要轻斟慢倒，不缓不急，以巡戈式倒法，第一杯留给自己，因为含渣机会可能比较大，茶流成滴即应停止。以三巡为止，焙火较重的茶，三巡后，香味尽去，皆不取。

清洁茶具：以备后用。

冲茶——水之道

中国的茶认识不完。每一种茶都要喝个几年，产生的心得才算数！

水的来源受到地缘的限制。但是冲茶的常识却应该掌握。

烧茶水的壶，应该避免使用金属制的材料。建议使用陶壶。出水口不要太大的。因为泡茶还是以两人壶、四人壶最佳。所以出水口太大不好控制。烧水最好是用炭火，但是使用炭火需要技术，没有浸润一季，烧水容易有问题。科学证明，学茶不必从烧水开始！可以使用电、瓦斯、酒精……

首先要回忆一下物理，水中溶有气体，到沸点时，溶解的气体几乎被排出水中。所以，忌讳用开水养鱼。而泡茶时，水中若是溶有足量的气体，对于冲泡出来的茶汤香味、滋味有增进的效果。相较以尚未开的水泡茶，开水泡茶有点"死死"的感觉，失去应有的鲜活感！增加水中溶有的气体量，最好的方法有：生水不要煮到开。可以从烧水壶的咕噜咕噜声判定，也可以从将近沸腾时，热水中的泡泡大小来区别。近乎沸腾时，关火；温度不够时，开火。但是不同的烧水材料和方式就有不同的反应，需要自己去体会。科学进步，顺便买一支摄氏100℃的温度计，可以缩短学习路径。冲茶时，将壶举高些，高冲有助于气体的溶入。但是，这会降低温度，不可不考虑。

冲茶时，把壶盖放倾斜于壶口，当它是篮板。因由媒介物增加溶气体量。但，这也会降温。

将茶壶的水倒出时，高冲也可增加溶气体量。

从茶海倒入杯中，高冲也可以增加溶气量。

把握住溶解气体的原则，泡出来的茶汤会较鲜活，甚至会泡出以前从没泡出的香气！但是，如果泡出来的茶汤和以往相较，喝起来有闷闷的感觉，那种香气扬不起来的感觉，大半是因为冲泡温度太低。

饮茶方法

中国的饮茶方式

　　中国人创造了多样的品茗方式,以人数分,有独饮、对饮、品饮、聚饮,古人云:一人得神,二人得趣,三人得味,七八人则为施茶。其实聚饮亦很有趣,主要有茶宴、茶会、茶话会等方式。在宋代有点送茶和斗茶、分茶游戏。公众茶事设施主要有茶摊、茶室、茶馆。独饮、对饮、品饮、聚饮是饮茶的四种方式。杯茶独酌,慰孤独,益神思,得茶之神韵。寒夜与友对饮,促膝相谈,可得茶之趣。"茶三酒四",品茶以三人同桌为佳,可领略茶之美味。

　　多人聚饮,办茶会、茶宴,以茶会友,亦可止渴、小憩、开展社交、获取信息,茶在此处又成为人见人爱的"公关饮料"。

　　饮茶方式若以人数多寡论,有独饮、对饮、品饮和聚饮几种。中唐诗人卢仝写了一道《走笔谢孟谏议寄新茶》诗云:

日高丈五睡正浓,军将打门惊周公。
口云谏议送书信,白绢斜封三道印。
开缄宛见谏议面,手阅月团三百片。
闻道新年入山里,蛰虫惊动春风起。
天子须尝阳羡茶,百草不敢先开花。
仁风暗结珠蓓蕾,先春抽出黄金芽。
摘鲜焙芳旋封裹,至精至好且不奢。

至尊之余合王公，何事便到山人家。

柴门反关无俗客，纱帽笼头自煎吃。

碧云引风吹不断，白花浮光凝碗面。

一碗喉吻润，两碗破孤闷；

三碗搜枯肠，惟有文字五千卷。

四碗发轻汗，平生不平事，尽向毛孔散；

五碗肌骨轻，六碗通仙灵；

七碗吃不得，惟觉两腋习习清风生。

唐代茶饼用模子做成方形、圆形、鸟形、掌形，还有薄片形，诗中所写就是贡茶之一种，月芽薄片形。阳羡茶是唐代名茶，赞颂阳羡茶的诗歌很多。阳羡即今之宜兴，宜兴以茶与紫瓯名闻古今中外。

《走笔》是写得最好的一首茶诗，若要办茶诗大奖赛，金牌得主非此诗莫属。全诗31句，行文自然洒脱，一气呵成，将饮茶之快感写得透透彻彻。诗人睡梦正酣，见茶至而兴奋不已，感激不已。茶中自有一份真情，见茶如见朋友面。茶非平常物事，乃是感情的载体。茶中有王道："天子须尝阳羡茶，百草不敢先开花"，这王道又很霸道。但罪不在茶，茶是雅物。诗人反关上门，煎茶独饮，以喜悦的心情欣赏煮茶时蒸腾的水气，欣赏茶碗白色的汤面，并以高度灵敏的神经去感知饮茶的效果：一碗润了喉，二碗提了神，三碗来了文思，四碗宽了心胸，五碗轻了肌骨，六碗只觉手眼神通，七碗竟飘飘欲仙……。饮茶之功用不仅仅是止渴生津，还是高级的精神享受：提神醒脑、启迪心智、致清导和……其快感竟如登仙境。这便是茶中之道。茶使卢仝宁静淡泊、超凡脱俗，神游仙境；酒却使李白颠颠狂狂，罗曼谛克，醉入幻境。茶道与酒道对立而不统一,"以茶代酒"、"饮茶解醒"是茶道的胜利,终是茶道征服了酒道。

张源于 1595 年前后写的《茶录》叙饮茶体会和心得,顾大曲序说:其隐于山谷间,无所事事,日习诵诸子百家言。每博览之暇,汲泉煮茗,以自愉快,无间寒暑,历三十年,疲精殚思,不究茶之指归不已。这位"隐士"无所事事,深山苦读,若不是以"独饮自娱",他能坚持 30 年么?恐怕不能。古代文人常常是以书为友,以茶为伴,"琴棋书画"后应添一字:"茶"。正因为文人的广泛参与,历千余年之久,使茶事具浓厚文化色彩。

陆游的《夜汲井水煮茶》、杨万里《舟泊吴江》,都是写汲水自然茶的情趣,同时表现各自的情怀。

月下窗前,独自品茗,慰孤独,益神思,可得茶之神韵,但毕竟没有对饮富茶趣。心有所得,总想说道说道,说给月听?说给影听?那要饮酒,饮得酩酊大醉,以便恍兮惚兮,进入虚幻,生发狂想。茶却是"现实主义"饮料,越喝越清醒,虚与实,阴与阳,一清二楚,决然不会将界限模糊。

若是严寒的冬夜,拥炉独饮,虽可领悟茶之神韵,但终究有些冷清。此刻,有故人不期而至,不由喜出望外,然后促膝而坐,共同煮水煎茗,室外大雪纷飞,屋内炉火跳跃,釜中茶汤鼓浪,白气袅袅,香味四溢,此情可入诗,此景可入画。宋代诗人杜耒的《寒夜》就表现了雪夜对饮的茶趣。原诗是:寒夜客来茶当酒,竹炉汤沸火初红。寻常一样窗前月,才有梅花便不同。作者把"寒夜茶"和"窗前月"、"雪中梅"视为同等的雅事。寒夜与友共饮佳茗,正符合明人冯可宾在《岕茶笺》中提出的"茶宜"之"无事"、"佳客"、"幽坐"、"吟诗"、"精舍"、"会心"、"赏鉴"等项。若仅为止渴而饮，便没了情趣。文人正是借品茗熏陶自己，怡养从容雅致、彬彬有礼的君子风度。

三人为众，三人一块饮茶正合"品"字之义。"品"字字形是三个"口"字组成的，正说明三人聚饮是最佳组合。独饮太清冷，对饮虽有情趣，二人促膝相谈，如同唱二人转，不是你说就是我唱，没个喘息时刻，但三人共饮就添了许多热烈气氛，摆开龙门阵话题如小溪流淌，不会戛然中断，相对而言，也多了些闲适和轻松，那茶自然就更有味！

多人聚饮（指三人以上）又是另一番景象，如茶宴、茶会、茶馆、茶摊。特别是茶馆，南来的，北往的，达官贵人，贩夫走卒，张王李赵，五方杂处，茶人为解渴而来，又解渴而去，似无茶道之可言！但较之闹市通衢，较之商店市场，较之餐馆酒家，这里乃是清静之所在。物以类聚，人以群分，三五知己共一茶桌，仍可闹中取静吸饮佳茗，获得轻松闲适的精神享受。特别是现代生活节奏紧张，八小时之外寻一可心茶馆，约一二良友，叫上一壶好茶，边饮边聊，躺在竹椅上跷脚架码，神经顿时轻松，觉得十分惬意。人虽多，但各人头上一方天，谁不妨碍谁。若是饮酒，划拳行令，噪声聒耳，一旦醉酒失态，发难斗殴，不仅妨碍公共秩序，也有损个人健康。要建设一个文明城市，聚众饮酒不可，聚众饮茶该大力提倡。聚饮就品茶言虽不如独饮、对饮、品饮，但因茶德高尚，是文明饮料，其益处又非聚众饮酒所可比拟。

聚饮规模最壮观的大概是清末西藏喇嘛教的一次茶会。在喀温巴穆大喇嘛庙举办了一次茶会，聚集四方僧众4000余人，巡礼和尚用茶款待全体僧众。行茶仪式是：喇嘛排列成行，披法衣静坐，神态庄严，年轻僧人抬出茶釜煮茶，待水滚沸时投入优质砖茶，此茶已碾碎，价值是5块砖茶值1两银子；待茶熬煮得香浓时，由年轻僧人酌茶，并分施给众僧；施主拜伏在地，大唱赞美歌；巡礼和尚的茶中加添点心或牛酪，并一同用茶。礼成。

这次茶会据说每人饮了两杯茶，共8000杯，费银50两。此事见于咸丰二年（1852）葡萄牙教士忽克所著《中国西藏旅行记》。类似记载还见于英国军人查理·鲍尔写的《西藏人民》一书。

清末西藏喇嘛教大型茶会至少创造了两项世界纪录：一是4000人一同饮茶，二是茶釜巨大。

古人认为饮茶是一人得神、二人得趣、三人得味、七八人是施茶。前三句正确，最后一句有失公允，应改为"多人得利"，得些啥利呢？一利止渴，二利小憩，三利社交，四利获取信息。当今政界、商界、实业界乃至平民百姓都喜欢聚饮，茶是当今社会的"公关饮料"。就是今之文人生活在今之信息时代，要作文就必须进入公众社会，聚饮是了解当今社会芸芸众生现状的好场所，若一味效古人"月下独饮"，纵饮得飘飘欲仙，亦将会成为时代的落伍者，与时代隔膜便干涸了创作源泉，便无文可作了。

宋代城市经济繁荣，茶道向民间性、娱乐性发展。点送茶是民间茶俗，分茶、斗茶是茶艺游戏。较之唐代，宋代茶事更多文化内涵。就古代茶事而言，唐代讲俭朴，明代务实，惟宋代花哨。宋人吴自牧著《梦粱录》卷十六《茶肆》中说：巷陌街坊，自有提茶瓶沿门点茶，或朔望日，如遇吉凶二事，点送邻里茶水，请其往来传语。又有一等街司衙兵百司人，以茶水点送门面铺席，乞觅钱物，谓之"龊茶"。僧道头陀欲行题注，先以茶水沿门点送，以为进身之阶。这段文字记叙了南宋时代都城临安（杭州）的民间茶俗。文中讲了三种情况：一种是提茶瓶者。茶瓶是宋代盛茶用具，

第三章
茶道茶艺

蔡襄《茶录》云：瓶，要小者，易候汤；又点茶、注汤有准，黄金为上，人间以银、铁或瓷、石为之。茶瓶有嘴有柄，较之唐代的鍑和碗进了一步。点茶就是往茶汤里冲入开水，同时用"茶筅""击拂"，即用竹刷子搅动浓稠的茶汤，要求汤面泛花而茶盏边壁不留水痕。提着茶瓶穿梭在巷陌街坊大概送的是点好了的茶，而不是开水，因为宋人是煎水不煎茶，水烧至"连珠"便要投入茶末，再烧一会儿，至"鼓浪"时即成"茶膏"，然后注入开水，即可饮用。提茶瓶者沿门施茶，让街坊邻里无须自己操劳，便可马上享受品茗之趣。在宋代烹茶并不那么容易，有茶有水还得有闲，才可能耐着性操作茶事。沿门送茶这风俗很美，丰富了社区文化，定会受到市民们的欢迎，就如同今之市民欢迎快餐食品一般。提茶瓶是七十二行中之一行，职业侍茶人，是否无偿服务？无从考证。

提茶瓶者沿门点送茶在"朔望日"显得最为重要，朔日是农历每月初一，望日是农历每月十五，是早晚三炷香祭祀家神的日子，茶在西周时代曾作祭祀品，南宋临安的百姓们或许以茶代酒，是否古风犹存？待考。提茶瓶者点送茶遇上本街婚丧之事还起着"往来传语"作用，北宋孟元老撰写的《东京梦华录》卷五《民俗》载：更有提茶瓶之人，每日邻里，互相支茶，相问动静，凡百吉凶之家，人皆盈门。

邓之诚的注解云：提茶瓶即是趁赴充茶酒人。寻常月旦望，每日与人传语往还，或许集人情分子。看来提茶瓶者利用点送茶之机，在本社区内传递信息，如某家老人去世，某家少壮夭折，某家嫁女，某家娶媳，某家做寿，某家乔迁……这些社区大事全靠提茶瓶人"传语往还"，有时还当"分子头"，歙钱集体送礼。提茶瓶者点送茶不仅给千家万户送了茶，还送去茶之精神：致清导和。于联络感情、和衷共济大有裨益。

上面所提到的东京，即今之开封，时为北宋都城。说明提茶瓶点送茶早在北宋就已有之。

点送茶另一方式是"龊茶"，送茶人是"街司衙兵百司人"，身份不高贵，但比寻常百姓是楼上铺晒席——高出一箩片。就因为有那么小小一点权势，他们便可借点送茶之机，敲街市商贾的竹杠。和尚道士也点送茶，以广结善缘，沽名钓誉，并借机张罗"生意"（为人办法事），以此作进身之阶。

在南宋大酒楼还有另一种点送茶。食客登楼就座，便有跑堂的"提瓶献茗"，待以上礼，别具一格的是盏中加入时令鲜花，以增茶香，称之为"点花茶"。

点送茶是茶道与民俗的结合，颇富民间色彩。宋代文人雅士、达官贵人、浮浪子弟一方面继承唐代的品饮艺术，但另一方面却抛弃了唐代茶道基本精神，将饮茶变成了玩茶，分茶、斗茶便是他们百无聊赖的创造。

分茶游戏始于北宋末年，蔡京着《延福宫曲宴记》记述了一件事：北宋宣和二年（1120年）十二月癸巳，徽宗皇帝召宰执亲王等曲宴于延福宫，宴会之上徽宗露了一手：令近侍取茶具，亲自煮水煎茶，注汤击拂，其手法妙在不同于一般点茶，盏面乳白色，幻化出"疏星朗月"图象。

这便是古怪刁钻的分茶游戏。要求击拂后盏面的汤纹水脉的线条、多彩的茶汤色调、富变化的袅袅热气，经茶人臆想，组合成一幅幅朦胧画面，状若山水云雾，状若花鸟虫鱼，状若林荫草舍……称之为"水丹青"。据说僧人福全最擅此道，他甚至能将茶汤幻成一句诗，若同时点四盏，便得四句诗，并连贯成一首绝句。这位分茶能手颇有名气，常有施主请求他表演，以一饱眼福。福全骄矜自咏道：生成盏里水丹青，巧尽工夫学不成，却笑当时陆鸿渐，煎茶赢得好名声。这位僧人自视甚高，竟不把茶神陆羽往眼里瞧。社会风气如此，也难怪这位和尚自吹自擂。

宋代诗人咏分茶游戏的诗句有陆游的《临安春雨初霁》："矮低斜行闲作草，晴窗细乳戏分茶"，杨万里的《澹庵座上观显上人分茶》写的最生动传神，诗曰：

分茶何似煎茶好，煎茶不似分茶巧。
蒸水老禅弄泉声，隆兴元春新玉爪。
二者相遭兔瓯面，怪怪奇奇真善幻。
纷如擘絮行太空，影落寒江能万变。

银瓶首下仍尻高，注汤作字势嫖姚。宋人不满足于实实在在的煮水、击拂，而将茶事升华为一种奇特的不可思议的艺术创作和艺术欣赏，从茶事中"分"出一个未载入艺术史册的艺术门类。显上人就是当时颇有造诣的"分茶艺术家"，巧手击拂，竟在盏面形成这样的画面：高天行云，飘飘浮浮，游离不定；万木萧索，江影幻变，不可捉摸。倾瓶点茶，线条潇洒，盏面又如现狂草，字体雄健遒劲。我们姑且称之为"分茶画"，有如今之抽象画，却昙花一现；有如今之朦胧诗，却无法印成铅字。宋人游戏人生并不足取，但他们对艺术的灵性令人佩服。或许他们缺乏唐代艺术家的大气派，但丰富的想象力及细腻的艺术感觉并不逊于前人。

分茶或许过于雅奥，在宋代并不普及。蔚为全社会风尚的是斗茶。

斗茶又叫"茗战"、"点茶"、"点试"，是茶事中的"竞技项目"。主要比赛煎茶、点茶和击拂之后的效果：一比茶汤表面的色泽与均匀程度。汤花面以鲜白为上，像白米粥冷凝成块后表面的形态和色泽为佳，称之为"冷粥面"。茶末在茶汤面分布均匀，形成"粥面粟纹"；二比汤花与盏内壁相接处有无水痕。汤花紧贴盏壁而散退叫"咬盏"，不佳；汤在散退后在盏壁留下水痕的叫"云脚涣乱"，亦不佳。两条标准以第二条为最重要。比赛规则一般是三局二胜，谁水痕先出现便叫输了"一水"。苏东坡有诗云："沙溪北苑强分别，水脚一线谁争先。"另有附加标准，是比较茶汤的色、香、味。色尚纯白、青白、灰白、黄白次之。为了便于较色，茶盏流行色以黑为佳，普遍使用的是黑色兔毫建盏。

描写斗茶的诗作如北宋晁冲之的"争新斗试夸击拂，风俗移人可深痛"，一方面慨叹世风日下，一方面又欲罢不能而随波逐流，在《陆元钧宰寄日注茶》写道："老夫病渴手自煎，嗜好悠悠亦从众。"大文豪苏东坡倒乐此不疲，《西江月》一词吟道：龙焙今年绝品。谷帘自古珍泉，雪芽双井散神仙，苗裔来从北苑。汤发云腴酽白，盏浮花乳轻圆，人间谁敢更争妍，斗取红窗粉面。经苏东坡这么一美化，斗茶倒成颇有诗意的雅事。

斗茶源于前朝，兴于宋代，究其原因：一由于宋代城市经济发达，丰裕的物质生活刺激了人们对茶艺的进一步探索，于是茶道社会化、大众化，并成为一门娱乐艺术。斗茶传入日本，日本僧人去其游戏人生的一面，赋予庄重严肃的主题。重新设计近乎罗嗦的程序，从而改造成今之日本茶道。在本书前面已论及。再者，宋代政治不重开放，而重"内修"，治国的重心着眼于国门内之事。虽有外患内乱，大部分时间是"太平年月"。经济繁荣、社会安定，安而忘危，连皇帝宋徽宗也有闲心着《大观茶论》，以品茶为乐，何况一般庶民百姓？所以，当时上至帝王将相、达官显贵、文人雅士,下至浮浪歌儿、市井小民,无不以斗茶为能事。

点送茶、分茶、斗茶在宋代兴盛,风光了二三百年。宋亡于元,蒙古族入主中原,游牧民族的草原文化虽未能取代中原的农业文化,但已如洪水猛兽在中原大地冲击扫荡一番。蒙古人也要饮茶,但那因为吃了牛羊肉片,要用熬煮得发苦的茶汁化食去腥膻,并不解茶道,对斗茶之类的游戏更不感冒。皇帝忽必烈不欣赏,茶道自然遭到冷落。到明朝烹茶由煎茶变成冲茶,斗茶之类游戏随之消逝。

以上三者皆由"煎茶待客"演化而成的聚饮方式。茶宴源于魏晋,兴于唐代,重在宴请;茶话是品茗清谈,重在一个"谈"字,或叫"闲聊";茶会是以茶聚会,重在社交;茶话会是后二者的结合,今已风行全国,并为世界各国所接受。

茶之一德是可联络感情,表达敬意,久而久之,这一品质演化为煎茶待客的习俗。

应当说,茶宴源于魏晋南北朝,兴于唐宋,《晋中兴书》载:陆纳为吴兴太守时,卫将军谢安常欲诣纳。纳兄子俶,怪纳无所备,不敢问之,乃私蓄十数人馔。安既至,所设唯茶果而已。俶遂陈盛馔,珍馐必具。乃安去,纳杖俶四十,云:"汝既不能光益叔父,奈何秽吾素业。"陆纳的侄儿俶因将"茶宴"擅自改为"酒宴"而挨了40大板,这说明陆纳以茶果待客已非一日,称之为"素业"必已坚持多年。《晋书》也有类似记载:桓温为扬州牧,性俭,每宴饮,唯下七尊柈茶果而已。桓温是古代名臣,"宴饮"只备七盘茶果。陆羽主张茶道"精行俭德",与桓温设茶宴的宗旨是一致的。

茶宴的正式记载见于中唐,《茶事拾遗》曾记载大历十才子之一的钱起，字仲义，吴兴人，天宝十年（751年）进士，曾与赵莒一块办茶宴，地点选在竹林，但不象"竹林七贤"那般狂饮，而是以茶代酒，所以能聚首畅谈，洗净尘心，在蝉鸣声中谈到夕阳西下。为记此盛事，写下一首《与赵莒茶宴》诗。

中唐时，湖州的紫笋和常州的阳羡茶同列为贡品，特别是顾渚的紫笋被陆羽评为仅次于蒙顶的天下第二名茶。每年早春采茶季节，湖、常二州太守在顾渚相聚，联合举办茶宴，邀集名流专家品茗，对新茶作出鉴定。有一年，白居易被邀请，因病未能躬逢盛会，最后写诗感叹其事，诗的题目是《夜闻贾常州崔湖州茶山境会亭欢宴》，道是：

遥闻境会茶山夜，珠翠歌钟俱绕身。
盘下中分两州界，灯前合作一家春。
青娥递舞应争妙，紫笋齐尝各斗新。
自叹花时北窗下，薄黄酒对病眠人。

这次茶宴不仅为互通友好，还有经济合作性质。两州太守既都来自名茶之乡，为确保名茶声誉，提高贡茶品质，让龙心大悦，自有必要在一块切磋切磋。茶原产滇黔，名茶却多在江南，这与江南茶农及地方官的努力创名牌有关。茶宴虽为谋求友谊与合作而办，但并不枯燥乏味，可茶话——边品茗边闲聊，可歌舞助茶兴。如此盛况，难怪白居易以病卧北窗自叹。

还应提及的是中唐诗人吕温，山东泰安人，贞元十四年（798）进士，与柳宗元、刘禹锡是好友。他写过一篇《三月三日茶宴序》，文曰：三月三日，上巳禊饮之日也。诸子议以茶酌而代焉。乃拨花砌，爱庭阴，清风逐人，日色留兴。卧借青霭，坐攀花枝，闻莺近席而未飞，红蕊拂衣而不散。乃命酌香沫，浮素杯，殷凝琥珀之色;不令人醉,微觉清思;虽玉露仙浆,无复加也。座右才子南阳邹子、高阳许侯,与二三子顷为尘外之赏,而曷不言诗矣。

文人宴会上以茶代酒,标志着生活习俗的大改变。不用说,茶宴是中国文人的创造,创造者包括入仕的士和未入仕的士。这次茶宴选择的时间好,三月三日,春光明媚,百花盛开。环境好,"卧借青霭"、"坐攀花枝"、"闻莺近席"、"红蕊拂衣",人已回归大自然。客亦佳,什么"南阳邹子"、"高阳许侯",皆是鸿儒而非白丁。茶煎的好,茶具好,茶也喝出了神韵,"不令人醉,微觉清思",正好"言诗"。这篇序比陆羽的《茶经》更生动形象地表现了中国茶道。

众人聚饮最好的佐茶法是闲谈,写《茶疏》的明人许次纾说:宾朋杂沓,止堪交错觥筹;乍会泛交,仅须常品酬酢;惟素心同调,彼此畅适,清言雄辩,脱略形骸,始可呼童篝火,酌水点汤。只有品茗才配"清言雄辩"。若是饮酒,那只能说"酒话",酒乱神思,必然会走火入魔,失去理智,不合逻辑,乱说乱道。而茶益神思,边饮边谈颇相宜,严肃可也,轻松可也。在中国有"茶余饭后"一说,即指说些无关宏旨的轶闻趣事让人轻松轻松。英国饮午后茶就喜欢闲聊,所以小说家费尔丁说:"爱情与流言是调茶最好的糖"。朋友相交,有事相商,或想一块聊聊,便以"到我家喝茶"相邀。

茶宴重在宴请,茶话重在清谈,茶会则是一种社交性集会。

诗人钱起《过长孙宅与郎上人茶会》诗曰:偶与息心侣,忘归才子家。玄谈兼藻思,绿茗代榴花。岸帻看云卷,含毫任景料。松乔若逢此,不复醉流霞。诗人尝到了茶会的甜头,一边品茗,一边畅谈文学。茶好景亦好,景助茶兴。从此往后,文人雅集以茶代酒,"不复醉流霞"。

宋代亦有茶会。朱彧（yù）《萍洲可谈》卷一云：太学生每路有茶会,轮日于讲堂集茶,无不毕至者,因以询问乡里消息。此类茶会具同乡会性质,以茶结同乡之缘,叙同乡之谊,互通家乡消息。宋人吴自牧《梦粱录》卷十九（社会）一节中说：更有城东城北善友道者,建茶汤会,遇诸山寺院建会设斋,又神圣诞日,取缘设茶汤供众。寺院作斋会,富户以茶汤助缘,名叫茶汤会,实则相当今之"基金会",寺院以助茶汤为由募集资金,以供宗教活动的日常用度。要几个"茶汤钱"比地方青皮恶少无端勒索"讨几个酒钱"不知文明多少倍,因之茶有十德,茶的形象美好,所以宋代给官吏的兼职工资叫"茶汤钱",给侍者的小费也叫"茶汤钱"。

此后,中国茶会走出国门,并被西化。本书第二章里曾列举古巴茶会,再看看英人茶会的实际情形。张德彝《使英杂记》载：茶会、跳舞会之盛,每年由三月至六月中旬止。此俗由来最古,欧罗巴、亚美里加二洲各国率皆为之。凡人家店肆,平时大厅敞房以备盛会,若以为公事之不可无也。西人性好奢华,凡富贵喜交结者,皆乐为之。一人子女,待其长成,虽无力,亦必勉强支应,设会结交,以便子女得友相与往来。则男可访女,女可觅男,嫁聚咸赖于此。因男女细心访察,各得所愿,则意洽情投,鲜有作秋扇之歌者。每会所费,少者百余镑,多者至六、七百镑,合银二千四、五百两。此俗"最古"也不会早于16世纪。明万历三十五年（1607年）荷兰船队从爪哇来澳门运去绿茶。1610年转运欧洲,1650年饮茶风气传到英国咖啡馆。1657年英国一家咖啡馆进口绿茶售价为每镑6-10英镑。当时在英国办茶会不会比酒会省钱。茶会在中国是文人雅事,以清谈和吟诗为主要内容,英国人接过去则变成了跳舞和婚姻，这由于文化背景不同。不过在中国，茶与婚姻一直有联系，至今还有把婚姻聘礼称为"茶礼"或"下茶"。茶会虽已英国化，但茶道基本宗旨并没变化，以茶结友本是茶之一德。

茶会最壮观的大概还是清末西藏喀温巴穆大喇嘛庙的僧人茶会，4000人出席，喝了8000杯。

由茶会、茶话演变而成茶话会，其释义是：用茶点招待宾客的社交性聚会。就是饮茶清谈。茶话会以其简朴无华而风行全国。佳节来临，中共中央领导人备清茶一杯，请各民主党派领导人和无党派人士座谈，共祝良辰，互表心愿，促成党内外大团结的新局面，共创四化大业。中共中央和国务院将中国茶道引入政治生活，倡廉反腐，带了个好头。于是茶话会取代了酒会，用于方方面面：共商国是，招待外宾，庆贺佳节，学术讨论，开业庆典，签约奠基，表彰先进，送旧迎新……诸如此类，纯洁了社会风气，节约了巨额开支。此风传入国外，受到广泛的欢迎，被誉为"茶杯和茶壶精神"。这足以说明，纵使人类进入电子时代、信息时代、宇宙时代，中国茶道仍是人类最可宝贵的文化遗产，是人类共同的精神财富。

中国饮茶方法的四次演变

我国有数千年的饮茶史，人们的饮茶方法随着制茶技术和饮茶实践的发展进步，有过四次较大的演变。

第一个阶段：煎饮法

当我们的祖先还处在原始部落时期，由于生产力低下，常常食不果腹。当他们发现茶树的叶子无毒能食的时候，采食茶叶纯粹是为了填饱肚子，而不是去享受茶叶的色、香、味，所以还不能算饮茶。而当人们发现，茶不仅能祛热解渴，而且能兴奋精神、能医治多种疾病时，茶开始从食粮中分离出来。煎茶汁治病，是饮茶的第一个阶段。这个阶段里，茶是药。当时茶叶产量少，也常作为祭祀用品。

第二个阶段：羹饮法

从先秦至两汉，茶从药物转变为饮料。当时的饮用方法，正象郭璞在《尔雅》注中所说的那样：茶"可煮作羹饮"；也就是说，煮茶时，还要加粟米及调味的作料，煮做粥状。至唐代，还多用这种饮用方法。我国边远地区的少数民族多在唐代接受饮茶的习惯，故他们至今仍习惯于在茶汁中加其它食品。

第三个阶段：研碎冲饮法

此法早在三国时代就已出现了，唐代开始流行，盛于宋。三国时代魏国的张揖在《广雅》中记载："荆巴间采叶作饼。叶老者，饼成以米膏出之。欲煮茗饮，先炙令赤迹，捣末，置瓷器中，以汤浇覆之，用葱、姜、橘子笔之。其饮醒酒，令人不眠。"这里说得很明确，当时采下的茶叶，要先制饼，饮时再捣末、冲沸水。这同今天饮砖茶的方法是一样的，应该说是冲饮法的"祖宗"。但这时以汤冲制的茶，仍要加"愈、姜、橘子"之类拌和，可以看出从羹饮法向冲饮法过渡的痕迹。唐代中叶以前，陆羽已明确反对在茶中加其它香调料，强调品茶应品茶的本味。说明当时的饮茶方法也正处在变革之中。纯用茶叶冲泡，被唐人称为"清茗"。饮过清茗，再咀嚼茶叶，细品其味，能获得极大的享受。宋人以饮冲泡（淹茶）的清茗为主，羹饮法除边远地之外，已很少见到。

第四个阶段：全叶冲泡法

此法始于唐代，盛行于明清以来。唐代发明蒸青制茶法，专采春天的嫩芽，经过蒸焙之后，制成散茶，饮用时用全叶冲泡。这是茶在饮用上又一进步。散茶品质极佳，饮之宜人，引起饮者的极大兴趣。为了辨别茶质的优劣，当时已形成了审评茶叶色香味的一整套方法。宋代研碎冲饮法和全叶冲泡法并存。至明代，制茶方法以制散茶为主，饮用方法也基本上以全叶冲泡为主。这同今天大多数人的饮茶方法是一样的。

目前开始的速溶茶、茶饮料等饮用方式也许正是新兴茶饮法的开端。

茶艺

绿茶茶艺

用具：玻璃茶杯，香一支，白瓷茶壶一把，香炉一个，脱胎漆器茶盘一个，开水壶两个，锡茶叶罐一个，茶巾一条，茶道器一套，绿茶每人2—3克。

基本程序：1. 点香，焚香除妄念。2. 洗杯，冰心去尘凡。3. 凉汤，玉壶养太和。4. 投茶，清宫迎佳人。5. 润茶，甘露润莲心。6. 冲水，凤凰三点头。7. 泡茶，碧玉沉清江。8. 奉茶，观音捧玉瓶。9. 赏茶，春波展旗枪。10. 闻茶，慧心悟茶香。11. 品茶，淡中品致味。12. 谢茶，自斟乐无穷。

绿茶程序解说：

第一道：焚香除妄念，俗话说："泡茶可修身养性，品茶如品味人生。"古今品茶都讲究要平心静气。"焚香除妄念"就是通过点燃这支香，来营造一个祥和肃穆的气氛。

第二道：冰心去凡尘，茶，致清致洁，是天涵地育的灵物，泡茶要求所用的器皿也必须至清至洁。"冰心去凡尘"就是用开水再烫一边本来就干净的玻璃杯，做到茶杯冰清玉洁，一尘不染。

第三道：玉壶养太和，绿茶属于芽茶类，因为茶叶细嫩，若用滚烫的开水直接冲泡，会破坏茶芽中的维生素并造成熟汤失味。只宜用80摄氏度的开水。"玉壶养太和"是把开水壶中的水预先倒入瓷壶中养一会儿，使水温降至80摄氏度左右。

第四道：清宫迎佳人，苏东坡有诗云："戏作小诗君勿笑，从来佳茗似佳人"。清宫迎佳人"就是用茶匙把茶叶投放到冰清玉洁的玻璃杯中。

第五道：甘露润莲心，好的绿茶外观如莲心，乾隆皇帝把茶叶称为"润心莲"。"甘露润莲心"就是再开泡前先向杯中注入少许热水，起到润茶的作用。

第六道：凤凰三点头冲，破绿茶时也讲究高冲水，在冲水时水壶有节奏地三起三落，好比是凤凰向客人点头致意。

第七道：碧玉沉清江，冲入热水后，茶先是浮在水面上，而后慢慢沉入杯底，我们称之为"碧玉沉清江"。

第八道：观音捧玉瓶，佛教故事是中传说观音菩萨场捧着一个白玉净瓶，净瓶中的甘露可消灾祛病，救苦救难。茶艺小姐把泡好的茶敬奉给客人，我们称之为"观音捧玉品"，意在祝福好人们一生平安。

第九道：春波展旗枪，这道程序是绿茶茶艺的特色程序。杯中的热水如春波荡漾，在热水的浸泡下，茶芽慢慢地舒展开来，尖尖的叶芽如枪，展开的叶片如旗。一芽一叶的称为旗枪，一芽两叶的称为"雀舌"。在品绿茶之前先观赏在清碧澄净的茶水中，千姿百态的茶芽在玻璃杯中随波晃动，好像生命的绿精灵在舞蹈十分生动有趣。

第十道：慧心悟茶香，品绿茶要一看、二闻、三品味，在欣赏"春波展旗枪"之后，要闻一闻茶香。绿茶与花茶、乌龙茶不同，它的茶香更加清幽淡雅，必须用心灵去感悟，才能够闻到那春天的气息，以及清醇悠远、难以言传的生命之香。

第十一道：淡中品致味，绿茶的茶汤清纯甘鲜，淡而有味，它虽然不像红茶那样浓艳醇厚，也不像乌龙茶那样岩韵醉人，但是只要你用心去品，就一定能从淡淡的绿茶香中品出天地间至清、至醇、至真、至美的韵味来。

第十二道：自斟乐无穷，品茶有三乐，一曰：独品得神，一个人面对青山绿水或高雅的茶室，通过品茗，心驰宏宇，神交自然，物我两忘，此一乐也；二曰：对品得趣。两个知心朋友相对品茗，或无须多言即心有灵犀一点通，或推心置腹述衷肠，此亦一乐也；三曰：众品得慧。孔子曰："三人行有我师"众人相聚品茶，互相沟通，相互启迪，可以学到许多书本上学不道德知识，这同样是一大乐事。在品了头道茶后，请嘉宾自己泡茶，以便通过实践，从茶事活动中去感受修身养性、品味人生的无穷乐趣。

乌龙茶茶艺

用具：1. 宜兴紫砂壶一对。2. 龙凤变色杯一套。3. 茶荷一个。4. 茶道器一套。5. 茶盘一个。6. 开水瓶两个。7. 电随手泡一个。8．茶巾两条。9．香炉一个。10．香一支。11．茶叶每壶10—15克。

基本程序：1．焚香静气，活煮甘泉。2．孔雀开屏，叶嘉酬宾。3．大彬沐淋，乌龙入宫。4．高山流水，春风拂面。5．乌龙入海，重洗仙颜。6．玉液移壶，再注甘露。7．祥龙行雨，凤凰点头。8．龙凤呈祥，鲤鱼翻身。9．捧杯敬茶，众手传盅。10．鉴赏双色，喜闻高香。11．三龙护鼎，初品奇茗。12．再斟流下，二探兰芷。13．二品云腴，喉底留香。14．三斟石乳，荡气回肠。15．含英咀华，领悟岩韵。16．君子之交，水清味美。17．茗茶探趣，游龙戏水。18．宾主起立，尽杯谢茶。

乌龙茶程序解说

第一道：焚香静气，活煮甘泉：焚香静气，就是通过点燃这支香，来营造祥和、肃穆、无比温馨的气氛。希望这沁人心脾的幽香，使大家心旷神怡，也单元您的行贿伴随着这支悠悠袅袅的香烟，升华到高雅而神奇的境界。宋代大文豪苏东坡是一个精通茶道的茶人，他总结泡茶的经验时说："活水还须活火烹。"活煮甘泉，即用旺火来煮沸壶中的山泉水。

第二道：孔雀开屏，叶嘉酬宾：孔雀开屏是向同伴展示自己的羽毛，借孔雀开屏这道程序，向嘉宾介绍泡茶所用的精美的工夫茶具。"叶嘉"是苏东坡对茶叶的美称，叶嘉酬宾，就是请大家鉴赏乌龙茶的外观形状。

第三道：大彬沐淋，乌龙入宫：大彬是明代制作紫砂壶的一代宗师，它所制作的紫砂湖北历代茶人叹为观止，视为至宝，所以后人把子砂壶称为大彬壶。大彬沐淋就是用开水浇烫茶壶，其目的是洗壶和提高壶温。武夷岩茶属乌龙茶类，把武夷岩茶放入紫砂壶内称为乌龙入宫。

第四道：高山流水，春风拂面：武夷茶艺讲究"高冲水，低斟茶。"高山流水即茶艺小姐将开水壶提高，向紫砂壶内冲水，使壶内茶叶随水浪翻滚，起到用开水洗茶的作用。冲水时要沿着壶的边沿冲，以免冲破"茶胆"。"春风拂面"是指用壶盖轻轻地刮去茶壶表面的白色泡沫，使壶内的茶汤更加清澈洁净。

第五道：五龙入海，重洗仙颜：品武夷岩茶讲究"头泡汤，二泡茶，三泡、四泡是精华。"头一泡冲出的我们一般不喝，直接注入茶海。因为茶汤呈琥珀色，从壶口流向茶海好似蛟龙入海，所以称之为乌龙入海。"重洗仙颜"本是武夷九曲溪畔的一处摩崖石刻，在这里寓为第二次冲泡。第二次冲水不仅要将开水注满紫砂壶，而且在加盖后还要用开水浇淋壶的外部，这样内外加温，有利于茶香的散发。这道程序完成后，一般要根据茶的品种和当日的气温闷茶1—1.5分钟。闷茶的时间太短，茶色浅味薄，岩韵不明显。闷茶的时间若太长，则"熟汤失味"，且茶味苦涩。

第六道：玉液移壶，再注甘露：冲泡武夷岩茶要具备两把壶，一把子砂壶用于泡茶。称为"泡壶"或"母壶"；另一把容积相等的壶专门用于储存茶泡好的茶汤，称为"海壶"或子壶。把母壶中冲泡好的茶汤倒入子壶，称为玉液移壶。母壶中的茶水倒干净后乘热再冲水，称之为"再注甘露"

第七道：祥龙行雨，凤凰点头：江海壶中的茶汤快速均匀第依次注入闻香杯中，称为"祥龙行雨"，取其"甘露普降"的吉祥之意。当海壶中的茶汤所剩不多时则应将巡回快速斟茶改为点斟，这是茶艺小姐的手势一高一低有节奏地点斟茶水，形象地称之为"凤凰点头"，象征着香嘉宾行礼致敬。过去有人将这道程序称为"关公巡城，韩信点兵"饮这样说刀光剑影，杀气太重，有违茶道以"和"为贵的基本精神。

祁门工夫红茶艺术

祁门工夫红茶产于安徽省祁门县，清光绪年间开始仿照闽红试制生产。最终因其内质优异，与闽红、宁红齐名，国外也有将祁门红休与印度大吉岭茶、斯里兰卡乌伐的季节茶并称为世界三大高香茶。

主要用具：瓷质茶壶、茶杯（以青花瓷、白瓷茶具为好），赏茶盘或茶荷，茶巾，茶匙、奉茶盘，热水壶及风炉（电炉或酒精炉皆可）。茶具在表演台上摆放好后，即可进行祁门工夫红茶表演。

"宝光"初现

祁门工夫红茶条索紧秀，锋苗好，色泽并非人们常说的红色，而是乌黑润泽。国际通用红茶的名称为"Black tea"，即因红茶干茶的乌黑色泽而来。欣赏其色被称之为"宝光"的祁门工夫红茶。

清泉初沸

热水壶中用来冲泡的泉水经加热，微沸，壶中上浮的水泡，仿佛"蟹眼"已生。

温热壶盏

用初沸之水，注入瓷壶及杯中，为壶、杯升温。

"王子"入宫

用茶匙将茶荷或赏茶盘中的红茶轻轻拨入壶中。祁门工夫红茶也被誉为"王子茶"。

悬壶高冲

这是冲泡红茶的关键。冲泡红茶的水温要在 100 摄氏度，刚才初沸的水，此时已是"蟹眼已过鱼眼生"，正好用于冲泡。而高冲可以让茶叶在水的激荡下，充分浸润，以利于色、香、味的充分发挥。

分杯敬客

用循环斟茶法，将壶中之茶均匀的分入每一杯中，使杯中之茶的色、味一致。

喜闻幽香

一杯茶到手，先要闻香。祁门工夫红茶是世界公认的三大高香茶之一，其香浓郁高长，又有"茶中英豪"、"群芳最"之誉。香气甜润中蕴藏着一股兰花之香。

观赏汤色

红茶的红色，表现在冲泡好的茶汤中。祁门工夫红茶的汤色红艳，杯沿有一道明显的"金圈"。茶汤的明亮度和颜色，表明红茶的发酵程度和茶汤的鲜爽度。再观叶底，嫩软红亮。

品味鲜爽

闻香观色后即可缓啜品饮。祁门工夫红茶以鲜爽、浓醇为主，与红碎茶浓强的刺激性口感有所不同。滋味醇厚，回味绵长。

再赏余韵

一泡之后，可再冲泡第二泡茶。

三品得趣

红茶通常可冲泡三次，三次的口感各不相同，细饮慢品，徐徐体味茶之真味，方得茶之真趣。

收杯谢客

红茶性情温和，收敛性差，易于交融，因此通常用之调饮。祁门工夫红茶同样适于调饮。然清饮更难领略祁门工夫红茶先特殊的"祁门香"香气,领略其独特的内质、隽永的回味、明艳的汤色。感谢来宾的光临,愿所有的爱茶人都像这红茶一样,相互交融,相得益彰。

花茶茶艺

中国是文明古国,是礼仪之邦,是茶叶的故乡。茶,作为世界三大饮料之一,它陪伴中华民族走过了五千年历程。"一杯春露暂留客,两腋清风几欲仙",客来敬茶是中华民族的优良传统。吴裕泰茉莉花茶奉献一份茶礼,共享中国茶文化之美乐。

敬宣茶德

中国茶文化源远流长,它集哲学、伦理、历史、文学、艺术为一体,是东方艺术宝库中的奇葩。茶德为茶道之精神,已故中国当代茶学泰斗庄晚芳教授将其归举为四个字:

廉、美、和、敬

廉——廉俭育德　　美——美真康乐

和——和诚相处　　敬——敬尊为人

净手静心

为以示尊敬客人,在茶礼之前请将手清洗干净,并静坐安心,全神贯注。

精选香茗

花茶又称香片,它产于福建、浙江、安徽等地,其中有茉莉花茶,玉兰花茶,玳玳花茶。茉莉花茶产量最大,并为北京人所喜爱。冲泡品啜(绰),花香袭人,茶香浓郁,令人心旷神怡。

鉴赏品泉

"茶者水之神，水者茶之体"，好茶须用好水泡，水的好坏对茶味起着重要作用。古人饮茶对水的选择十分讲究。由此之说，饮茶泉水为上，江中清流为中，井水汲取多者为下。古都北京有着不少名泉甘露，如：曾被乾隆皇帝称为天下第一泉玉泉山的玉泉，八大处的龙泉，卧佛寺的水源头等，均为质品极佳的泉水。今天我们为嘉宾冲泡的水为八大处龙泉之水。该水甘甜明澈，软度适中，此水泡茶，可使茶中有效成分充分溢出、茶汤明亮、茶味清香浓郁。

托盏温杯

自西周起，茶具的制作、使用，就从食器中分离出来，成为我国器皿中的佼佼者。这说明了中华民族自古对茶的崇敬。精美的陶瓷器具为中国茶文化增添了新的光彩。

有茶谚云："水为茶之母，壶为茶之父"。茶具选用因茶而宜。沏泡花茶用盖碗较为适宜，可以清洁便手，闻香品茗。盖、碗、托三位一体，象征着天、地、人合，三和归一，不可分离。

清水点杯，落水融融，温盏是泡茶的一个重要步骤。它可以给茶碗预温，有利于冲泡时茶叶迅速绽开，花香浸出。

执权投茶

北京盖碗茶讲究香醇浓酽．每碗可放干茶3克。投茶时可遵照五行学说，按木火、土、金、水五个方位一一投入，不违背茶的圣洁物性，以祈求茶给人类带来更多的幸福。

云龙泻瀑

冲泡花茶要用沸水。先注水少许，温润茶芽，然后悬壶高冲，宛如云龙泻瀑，水花绽开。茶叶在杯中上下翻腾，此景使人叹为观止。

敬奉茶礼

献茉莉花茶，请客人品尝。

陶然品茗

在饮用盖碗茶时，左手托住盏托，右手拿起杯盖轻轻转动，翻盖闻香，深吸养目，而后轻手拂云，探海观花，清澈的茶汤中细叶漂动，芳香阵阵，举杯缓啜三口，三口方知味，三番才动心。清茶一杯礼仪重，芳香沁肺清和敬，饮来方知仙人醉，人间快乐趣无穷。

佛道茶艺

茶经过几千年的磨砺，其内涵中的人文因素日益增多，茶的自然属性被寓于人文因素之中，成为修道、修身，"天人合一"、"茶禅一味"的载体。僧道饮茶修行，形成了独特的寺院茶道与道观茶道。近年来，一些茶人将目光投向了这块神秘而又神圣的领域，并将之带入世俗尘世，演化成今天所能见到的禅茶、道姑茶、三清茶等茶艺表演。在此，我们摘录"五台山佛学茶艺队礼佛茶"的解说词，以期对带有宗教色彩的茶艺表演有一个较为感性的了解。

"焚香引幽步，酌茗开净筵"，寺院落僧尼用茶敬佛、敬师、献宾客，供自己与善友品饮，谈佛论经，修养心性，形成了庄严肃穆的"茶礼"，"礼佛茶"便是五台山佛学礼茶中的一种。

"礼佛茶"是焚香拜佛、敬佛敬师的特殊礼仪，也是调茶献客、结缘行善的特殊茶艺。礼佛茶在禅房中进行，在做好准备工作的基础上，分为十道程序，谓之功德圆满。十道程序分别是莲步入场、焚香顶礼、礼佛三拜、普施甘露、打坐禅定、抽衣净手、烫杯泡茶、敬茶献茶、收杯接碗、问讯退场。

1. 莲步入场：在平和优雅的佛乐声中，住持师和大师兄、二师兄、两位沙弥尼身着佛装，穿海青，披幔衣，轻移莲步，进入禅房。众尼拐弯走的是直角，佛家认为无方不圆，要修到功德圆满，需要行走有方，拜佛有礼。行走坐卧，皆有佛理。

2. 焚香顶礼：进入禅房后按次序站于拜垫前，住持师到供桌前，右手持香，左手三指在前，右手三指在后，将香在灯上点燃，二指夹香，双手顶礼，心中默念：弟子恭敬供养十方三世一切佛、法、僧，以香头点绕小圈，焚香行礼。小圈代表十方法界，十方是佛教中的空间，三世是佛教中的时间，佛、法、僧是佛教"三宝"，焚香顶礼，表达虔诚之意。

3. 礼佛三拜：焚香之后再拜佛，这是标准的佛教拜佛仪式。两足呈八字站好，曲膝弯腰，右手按于拜垫中央代表佛，左手按于拜垫左上方代表法，右手从中央移至右上方与左手并齐，两拇指相接，掌心向上翻莲花掌，五体投地，心中想着为众生接福接寿，左手接福，右手接寿。收掌虚握，手心向下，心想将福寿施于众生。古时的五福为长命、富贵、健康、道德、和平。礼佛三拜，为众生祈求福寿双全，与中国茶德的廉俭育德、美真康乐、和诚相处、敬爱为人一脉相承，意蕴相通。

4. 普施甘露：住持师到供桌前，合十行礼，取净杯上一柱香点燃，摆放于供桌。右手持净杯绕香三匝，左手仰竖慧力智三指，右手持杯放于左手三指上，取柳枝放于杯上，竖二指靠杯边，走到拜垫前，右手中指在杯中水面写佛字，在左手腕处写佛字，并用柳枝蘸水点洒。然后长跪拜垫上，再用柳枝蘸水向左、中、右点洒甘露。再绕四周向四方普洒甘露。佛教教义含普施甘露，普渡众生。

佛是觉悟的众生，众生是未悟之佛，而迷与悟，惑与觉，只在吾人方寸之间。而茶也古称甘露，先苦后甘，其滋味在于自我品尝，而难以明示。可见茶佛一理，茶佛一味很有道理。

5．打坐禅定：礼佛三拜后，住持师、大师兄、二师兄便要打坐参禅入定。禅定是佛教的基本修持方法，禅是静虑之意，定是指心专注一境而不散乱。坐禅要半跏趺而坐，头背正直，不动不摇，不委不倚，且"过午不食"。茶叶性淡，醒脑提神，利于佛教修练禅定。所以佛家把茶叶称为"神物"，历来倡导饮茶，达到止息杂虑，安静沉思，静心自悟。

6．抽衣净手：在住持师、大师兄、二师兄禅定之时，沙弥尼即做泡茶的准备工作，脱去幔衣、海青，只留小衣，便于操作。按照佛教的习俗，将衣服整齐有序地折叠起来，放于垫上，默念"阿弥陀佛"，虔诚认真。然后净手，不仅为了卫生，也是一种礼貌。

7．烫杯泡茶：两沙弥尼摆放好茶几。二师兄为主泡，两沙弥将茶具放在二师兄茶几上，然后生火烧水。五台山佛茶用的是佛地圣水——般若泉泉水。般若泉水具有清心保健的功效，是泡茶的佳品，曾有"茗啜般若智爽神怡"的美称。煮水用的是五台山千百年来传统的粘土火炉和无烟硬木木炭，有"圣火煮圣水"之说。壶是山西传统的泥沙壶，保留着泥土的自然本色，有良好的保味和保鲜作用。

二师兄温壶烫杯，注入茶海，静心分茶，将茶三次分拨，置于壶内，默念"阿弥陀佛"。接着以"银河落天"手法注水入壶，然后以"菩萨点化"和"普渡众生"的妙法冲茶泡茶，使佛茶真正具有"佛"的含意。

8．敬茶献茶：敬茶的顺序是先敬佛、再敬师，然后献宾客。

第一杯敬佛、敬法，第二杯敬师、师兄。佛教讲究功德圆满，主张清心寡欲，明心见性，品茶悟道。敬师之后，沙弥尼将茶奉献给各位来宾，宾客接茶时，端坐平视，双手合十，行合十礼，不需用手去接茶。茶放桌上要等住持举杯示意，才可端杯品尝。心静平和慢慢细品，徐徐入口，才能品出其味，领略情趣。佛茶品茶讲究宁静清逸的情趣，不仅仅是感观上的享受，而且也是精神上的建树。

9. 收杯接碗：要细心品茶之后，沙弥尼按顺序收杯。陆羽在《茶经》中说：饮茶者，应是"精行俭德之人"，佛教也规定"五戒"、"六度"，推崇精神的修养和生活的简朴，贯穿在茶文化和佛教文化之中。

10. 问讯退场：在欣赏享受完礼佛茶的意境和甘苦之后，住持师和众沙弥尼要向佛问讯、向宾客问讯，然后按顺序退场。希望礼佛茶以独特的魅力，给您留下美好的回忆和无穷的回味。

茶艺"四要"之一——茶

茶艺是茶道的重要组成部分。茶艺精湛必须具备"四要"条件：精茶、真水、活火、妙器，四者缺一不可。茶品以形、色、香、味分高下，水品以清、活、轻、甘、冽别优劣，火以活火为上，器以宜兴紫陶为佳。名茶的形成、品水文学的出现、火候之掌握、茶具之发展历史无不以中国文化为背景，与茶道的发展历史息息相关。精茶要靠感官鉴定茶的形、色、香、味，定出茶品优劣，不历练难得真功夫。品饮名茶是古今时尚。名茶的形成与贡茶、名山、名人、消费市场关系很大；它从一个侧面反映了中国文化的某些特征。

茶艺的第一真功夫是识茶，即能准确地品评茶叶的品质，说出其产地。

评定茶叶品质的优次和等级的高低叫评茶。要评的是茶的形、色、香、味。

茶人评茶不靠仪器，而靠感觉器官审评，不经历练难得真功夫。

形，指茶叶外表形状，大体有长圆条形、卷曲圆条形、扁条形、针形、花叶形、颗粒形、圆珠形、砖形、饼形、片形、粉末形等。如有名的龙井"明前茶"，芽柄上生长小叶，形如彩旗；茶芽稍长，象一枝枪，故称"旗枪"。一斤干茶约三四万颗嫩芽，采摘不易，焙制亦难，加工技艺十分讲究，每锅一次只能炒2两，要求茶形"直、平、扁、光"。这是古代钦定贡茶。清代诗人宫鸿历《新茶行》就写的是这件事，原诗是：进茶例限四月一，三月寒犹刺人骨。旗枪未向雪中生，檄符已自州城出。清代诗人袁枚在《谢南浦太守赠芙蓉汗衫雨前茶叶》一诗中写道：四银瓶锁碧玉英，谷雨旗枪最有名。嫩绿忍将茗碗试，清香先向齿牙生。凡是名茶，都很注意茶叶之形，使之成为艺术品，供人观赏，这也很符合茶道宗旨。正如同舞蹈艺术，颇重体态语言和身体造型。古人饮末茶，任什么茶皆碾为粉，无形可观，要认出是什么茶，确要熟悉茶叶其它特性，方能定评。由饼茶、末茶转到饮毛茶，可品其味又可观其形，实是茶道一大进步。

色，指干茶的色泽、汤色和叶底色泽。因制法不同，茶叶可做出红、绿、黄、白、黑青等不同色泽的六大茶类，茶叶色度可分为翠绿色、灰绿色、深绿色、墨绿色、黄绿色、黑褐色、银灰色、铁青色、青褐色、褐红色、棕红色等，汤色色度分为红色、橙色、黄色、黄绿色、绿色等。如倍受英国人青睐的祁门红茶，茶叶呈红色，汤色红艳明亮，英人喜以牛奶佐茶，调入后茶汤呈粉红色。古人有不少茶诗写"色"以咏茶，如"绿嫩难盈笼，清和易晚天"（唐·齐己《谢中上人寄茶》）、"入座半瓯轻泛绿，开缄数片浅含黄"（唐·陆希声《茗坡》）等。有经验的茶人不仅会辨色，还能由色知茶叶鲜活与否。陈年茶叶底色不活，如同老妪饮酒后也会"面若桃花"，但终归当不得新娘；而少女的红晕自然天成，总能给人以美感。

香，指茶叶经开水冲泡后散发出来的香气，也包括干茶的香气。香气的产生与鲜叶含的芳香物质及制法有关。鲜叶中含芳香物质约50种，绿茶中含100多种，红茶中含300多种。按香气类型可分为毫香型、嫩香型、花香型、果香型、清香型、甜香型等。如古代与西湖龙井并称的武夷岩茶，生于多云雾的峰岩间，所受日照不烈，气候温和且多雨，有益于茶香有效物质的生成。古人评价武夷岩茶"臻山川精英秀气所钟，品具岩骨花香之胜"。成茶以香型命名的有"白瑞香"、"石乳香"等。其茶品饮时清冽幽香，余香绵水。茶诗中不少篇什描写茶香。如陆游的《北岩采新茶欣然忘病之未去也》：细啜襟灵爽，微吟齿颊香。归时更清绝，竹影踏斜阳。细细品饮新茶，顿觉神清气爽；轻声吟哦诗作，竟然是茶香满口。中医讲，芳香开窍。品茶后归家，虽天色已晚，身隐竹丛，脚踏斜阳，但心志愉悦，竟忘自己是病魔缠身之人。诗人写茶着眼于茶香及品饮效果。茶之本身给人带来的享受主要是香气和味道，舍此则无资格充当高级饮品。香气与味道相比，香气为重。茶人对茶香孜孜以求，于是便有花茶问世。清代顺康年间，金陵（今南京）有个闵姓徽州人，首创茶叶中加入兰花烘焙，名兰花方片，后叫"闵茶",开后世窨花茶之先河,于是茉莉、珠兰、玳玳花、玫瑰、桂花、柚花皆用来焙制花茶。慈禧太后深悟此道,以时令鲜花随泡随饮,一增茶品,二可养生。清人胡会恩《珠江杂咏》中"酒杂槟榔醉,茶匀茉莉香"就写的是茉莉花茶。在花茶族类中茉莉花茶最负盛名,今已风靡全国。茶之香融入花之香确令齿牙生香、余香隽永。

味,指茶叶冲泡后茶汤的滋味。茶叶与所含有味物质有关:多酚类化合物有苦涩味,氨基酸有鲜味,咖啡碱有苦味,糖类有甜味,果胶有厚味。按味型可分为浓厚、浓鲜、醇和、醇厚、平和、鲜甜、苦、涩、粗老味等。味型近似区分极难,全靠舌头的精细感觉。"味击睡魔乱,香搜睡思轻"(唐·齐己《尝茶》),说明"味"与"香"于茶品同等重要。

说出茶之形、色、香、味凭感官的真功夫,要道出茶之产地就必须熟悉全国各主要茶区及产茶情况,特别是对当时的名茶更应了如指掌,否则算不上高手。

中国茶道以中国文化为依托,中国名茶的形成也大多与民族文化相联系。

中国是个小农社会。士、农、工、商,以农为本。中国的小农经济如汪洋大海。农民的最高追求是"三亩地一头牛,老婆娃子热炕头"。要实现这一小康理想又寄希望于圣明天子和铁面清官。所以,农民历来是"反贪官不反皇帝",皇帝实在不中了就举旗造反,搞成功了便拥戴一个新皇帝。农民的"官本位思想"根深蒂固,在他们眼中,天下最大号"名人"莫过于皇帝。茶叶选为贡茶便觉十分荣耀,史官堂而皇之载入史策,后辈人也不大去追想进贡之苦,反对此津津乐道。凡皇帝首肯的茶便是钦定"名茶",如贫儿中状元,转眼间身价百倍。

就如龙井茶而言,明人认为此茶平平,袁宏道评价说:"……龙井头茶虽香,尚作草气。"茶品逊于徽州松萝茶。但也该龙井走运,碰上乾隆下江南,在龙井村附近的狮子峰下胡公庙中歇脚,和尚端来一碗龙井茶,乾隆旅途劳顿本已渴茶,加之庙里环境优雅,品饮效果自然很佳。细一琢磨,茶名龙井,山名狮峰,庙前茶树有18棵,皆是吉兆,于是龙心大悦,当即金口吐玉言,封庙前18棵茶树为"御茶"。

上之所好,下必盛焉。关于龙井茶的诗文连篇累牍,龙井茶在市场走俏,茶农也不负国人厚望,努力改进种植与制作技术,使龙井茶名符其实,历数百年之努力,今之龙井非昔之龙井,称之为"状元茶"当之无愧。

洞庭东山在太湖之滨,洞庭西山屹立于太湖一小岛上,与东山遥遥相对,相传是吴王夫差与西施的避暑胜地,乃"王气"之所在,山自然名闻遐迩。洞庭二山气候温和,冬暖夏凉,宜于种茶,《茶经》有载,但质地太差,评价不高。到宋代,经该地水月院和尚的努力产出"水月茶",总算创下了牌子,可算作地方名茶,顶多算个"举人"级别。后来发了迹,《清朝野史大观》(卷一)载:洞庭东山碧螺峰石壁,岁产野茶数株,土人称曰:"吓杀人香"。康熙己卯车驾幸太湖,抚臣宋荦购此茶以进,圣祖以其名不雅驯,题之曰"碧螺春"。

自是地方有司,岁必采办进奉矣。此事发生在康熙三十八年(1699)。抚臣宋荦是当时著名诗人,工书画,善品茗。"吓杀人香"产于东山碧螺峰,系茶农朱元正制作,每斤价值3两白银。康熙因茶产于碧螺峰,茶叶又卷曲似螺,便以"碧螺"名之。自此碧螺茶荣登金榜，列为"不可多得"的贡茶。文人发挥想象力，竟称此茶是美人酥胸烘焙而成。山舟学士梁同书写了一首《谢人惠碧螺春茶》诗云：此茶自昔知者稀，精气不关火焙足。蛾眉十五来摘时，一抹酥胸蒸绿豆。纤褂不惜春雨干，满盏真成乳花馥。

大凡在那个时代，茶如寒士，要有出头之日，就得争取成为贡茶，就如寒士谋功名"入仕"一般。一旦皇帝垂青，便点了"茶状元"。否则，茶品再好，终无识者，难免受委屈；寒士学问再高，若科考不顺就不能入仕，结局便是老死枥下。所以说，茶中有道！

此类例子尚多，不一一列举。中国茶道以1000余年的封建文化为背景，自然要打上时代的烙印。中国旧时代的国情是"皇帝说了算"，连茶也难超脱。

名茶的确认一靠皇帝，第二便靠神仙。皇帝至尊至贵，他上管天庭诸神，下管黎民百姓，在外国厉害得不得了的神仙在中国屈居第二。许多名茶若与皇上无缘，便要与神仙搭上关系。如四川古老的蒙顶茶，传说是山顶甘露寺的普慧禅师（俗名吴理真）亲手种植，茶树"有云雾复其上，若有神物护之者"。茶树植于中顶上清峰，只有7颗，大概取北斗星座之数。春天采摘时，由县令择吉日，沐浴斋素，着朝服，率僚属，设案焚香，跪拜再三。然后选派12位僧人入园，每芽取1叶，共采365叶，再交僧人焙制，入瓶封装，入贡京都。这12位僧人暗示12月，365叶暗示一年365天，取岁岁平安之意。如此神秘兮兮，蒙顶茶便被传说渲染成"仙茶"。仙茶令人长生不老，焉能不名？

蒙顶茶以"仙"闻名，产于皖西的"六安瓜片"以"神"闻名。神奇在两件事上：一是茶农胡林在茶馆泡此茶，碗中竟腾起朵朵云雾，竟如金色莲花，异香袭人，皆叫"好茶！好茶！"胡林回山再寻采茶处，竟如误入桃花园的武陵渔人，重访美妙处不可复得；二是中唐著名宰相李德裕作了个试验，烹此茶浇到肉食上，放入银盒之中。次日开盒验试，肉已化为水。此茶克化肉食的效能胜过三酸合成的王水，你说神奇不神奇？两件事皆有时间、有地点、有见证人，你是信或不信？中国古代的知识分子叫"士"，中国的士学问限于文史哲，不晓数理化。士对此谜解不开，广大农人更是昏昏然，似乎也无人去深究，于是"舆论定势"：六安瓜片是神茶，神茶焉能不名？若是近代，那就要对茶作理化分析，算出含有多少儿茶素、氨基酸、咖啡碱，算出含有多少有益人体健康的微量元素。

与神、与佛相关的名茶传说很多，如铁观音、普洱茶、大红袍、洞宾茶、桂平西山茶、惠明茶等，其传说之多足够编一本厚厚的书。

当然，名茶的产生不可忘记文人的功劳。茶事源于四川，早在西晋时代，诗人张载在成都写了第一首茶诗《登成都楼》，"芳茶冠六清，滋味播九区"便是诗中佳句。《周礼·天官·膳夫》中"六清"指水、浆、醴、醇、医、酏（yí）等六种饮料。早在1600年前茶就已列为饮料之首，"播九区"则说明饮茶不局限于四川，已普及到全国广大地区。"扬子江心水，蒙山顶上茶"这是脍炙人口的咏茶名句。又如明朝童汉臣《龙井试茶》诗："水汲龙脑液，茶烹雀舌春。因之消酪酊，兼以玩嶙峋。"唐代诗人杜牧《题茶山》中盛赞阳羡茶："山实东吴秀，茶称瑞草魁。"宋代范仲庵赞颂武夷茶："年年春自东南来，建溪先暖冰微开。溪边奇茗冠天下，武夷仙人自古栽。"崔道融《谢朱韦侍寄饮蜀茶》："瑟瑟香尘瑟瑟泉，惊风骤雨起炉烟。一瓯解却山中醉，便觉身轻欲上天。"明代黄宗羲《余姚瀑布茶》："檐溜松风方扭尽，轻阻正是采茶天。相邀直上孤峰顶，出市都争谷雨前。两笃东西分梗叶，一灯儿女共团圆。妙春已到更阑后，犹试新分瀑布泉。"宋代诗人梅尧臣称颂鸦山茶道："昔观唐人诗，茶韵鸦山嘉。江南虽盛产，处处无此茶。"革命领袖朱德同志《庐山云雾茶》："庐山云雾茶，味浓性泼辣。若得长年饮，延年益寿法。"近代文化名人郭沫若《题高桥银峰茶》："芙蓉国里产新茶，九嶷香风阜万家。肯让湖州夸紫笋，愿同双井斗红纱。脑如冰雪心如火，舌不饪钉眼不花。协力免教天下醉，三闾无用独醒嗟。"……这类咏茶诗文多得不胜枚举。这些茶正是靠"文艺搭桥"而走出故土，饮誉全国。

古今名茶榜变化较大，清代名茶主要有武夷岩茶、西湖龙井、黄山毛峰、徽州松萝、苏州洞庭碧螺、岳阳君上银针、南安石亭豆绿、宣城敬亭绿雪、绩汐金山时雨、泾县涌汐火青、太平猴魁、六安瓜片、信阳毛尖、紫阳毛尖、舒城兰花、老竹大方、安溪铁观音、苍梧六堡、泉岗辉白和外销"祁红"、"屯绿"等等。建国后名茶又有后起之秀，超过百余种，由于内销和外贸的刺激，全国数千种茶叶如莘莘学子，参加7月的高考，攒足劲在几年一次的评比会上登台亮相，一决雌雄。金榜变化较大，选手时有沉浮。在商品市场地位较稳定的多是老牌名茶，如西湖龙井茶、太湖碧螺春、信阳毛尖、宜兴阳羡茶、祁门红茶、普洱茶、屯溪绿茶、武夷岩茶、安溪铁观音、普陀佛茶、太平猴魁、庐山云雾茶、君山银针、都匀毛尖、黄山毛峰、桂平西山茶、蒙顶茶、惠明茶等。这些茶叶盛名不衰的原因一是有过"贡茶"历史，如同人才招聘讲究大专以上文凭；二是产于名山；三是得到过名人赞赏，有诗文以证其事；四是在消费市场走俏。当然，名茶决非徒具虚名，无论理化检验或感官审评，其形、色、香、味都可拿个高分，茶品堪称上乘。

虽然讲了这些，但不能苛求茶人得是茶学专家。对一般茶人要求不能太高，只要能靠感官认出茶之真假、优劣可也。茶艺的重点是操作，烹出好茶来。若茶烹得像沟渠中之弃水，难以入口，茶人有何雅兴品饮悟道呢真水古人烹茶讲究精茶、真水。

茶艺"四要"之二——水

陆羽论择水以"山水上，江水中，井水下"，雨水、雪水是"天水"，烹茶亦佳。宜茶之水一般要清、活、轻、甘、冽。茶趣之一是择水，汲水自煎茗乃文人雅事。

品水文学是茶道开出的奇花异卉。择水固然重要，但古人将此事复杂化了，为孰是"天下第一水"争论上千年也实在小题大作。但无论合理与不合理，皆从一个侧面反映了中国文化。茶是灵魂之饮，水是生命之源。

茶中有道，水中也有道。

老子说："上善若水，水善利万物而不净。"如此无私谦虚，善哉，水也！

庄子《天道》说："水静则明烛须眉，平中准，大进取法焉。水静犹明，而况精神。"如此公正客观，善哉，水也！

唐末刘贞亮提出茶有"十德"，日本明惠上人也提出茶有"十德"，孔子则认为水具有"德、义、勇、法、正、察、善、志"诸种美好的品行，并说"是故君子见大水必观焉"（《荀子·宥坐》），如同顶礼膜拜圣者一般。

茶是什么？在植物学家眼中它是"原产于我国西南部的常绿灌

木、乔木、半乔木。两性花。球形塑果。嫩叶可作药用、食用、饮用。含有100多种成分，主要有咖啡碱、茶碱、可可碱、氨基酸、鞣酸、儿茶素、挥发油等。属山茶科的山茶属，山茶属约250种，划为20组，其中茶组可饮用。"仅此而已，无什么"道"、无什么"德"之可言。但中国人会琢磨，竟赋予茶以性灵，生发出"道"来"德"来，以至我们得写专着加以阐明。

水是什么？在西方人眼中是 H_2O，无色、无味、无嗅、液态。仅此而已！水是生命之源，但决非道德之本、修养之本、精神之本。但中国文化赋予水以性灵。

好茶需好水。所以明人许次纾在《茶疏》中说："精茗蕴香，借水而发，无水不可与论茶也。"明人张大复在《梅花草堂笔谈》中说："茶性必发于水，八分之茶，遇十分之水，茶亦十分矣；八分之水，试十分之茶，茶只八分耳。"他认为择水重于择茶，二等茶用上等水可烹出上等茶，而上等茶用二等水就只能烹出二等茶。

所以，古人讲究精茶、真水，明人张源在《茶录》中说："茶者，水之神；水者，茶之体。非真水莫显其神，非精茶易窥其体。"这就讲透了茶与水的关系。茶是水之灵魂，无茶便无茶事；水是茶的载体，没水烹不成茶。按化学书上的说法；茶是溶质，水是溶剂，茶汁是水的溶解液，——但这太枯燥，远没古代茶人富有想象力，这也不是中国人描述事物的习惯方式。

中国人擅长整体思维，无论宇宙与人世间有多复杂，不过是"太极生两仪，两仪生四象，四象生八卦"，不过是"金、木、水、火、土"……对茶道亦然，在择茶的同时就把择水的问题提了出来。还把茶事方方面面想了个周全。如择水，早在唐代，陆羽就已将其列为"茶有九难"之一，在《六羡歌》中说：不羡黄金罍，不羡白玉杯；不羡朝入省，不羡暮入台；千羡万羡西江水，曾向竟陵城下来。黄金、白玉的酒器，高官厚禄，皆不动心，而家乡竟陵（今湖北天门县）的西江水使陆羽羡慕不已。当然，不仅仅因为"美不美，家乡水"，发思乡之情，而出自功利目的，他认为：竟陵西江水最宜于烹茶。

其山水，拣乳泉、石池漫流者上；其瀑涌湍漱，勿食之，久食令人有颈疾。又水流于山谷者，澄浸不泄，自火灭至霜郊以前，或潜龙畜毒于其间，饮者可决之，以流其恶，使新泉涓涓流，酌之。

其江水，取去人远者。井，取汲多者。不必细作分析，读者就会估摸出陆羽"择水"之论有多少科学性；当然，掌握近代科学知识的茶人也不应苛求古人。

据化学分析，水中通常都含有处于电离子状态下的钙和镁的碳酸氢盐、硫酸盐和氯化物，含量多者叫硬水，少者叫软水。硬水泡茶，茶汤发暗，滋味发涩；软水泡茶，茶汤明亮，香味鲜爽。所以软水宜茶。用感官择水，现代饮用水的标准是无色、透明、无沉淀，不得含肉眼可见的微生物和有害物质，无异嗅和异味。按古人经验，水要"清"、"活"、"轻"、"甘"、"冽"。"清"就是无色、透明、无沉淀；"活"就是流动的水，"流水不腐，户枢不蠹"，活水比死水洁净；"轻"指比重，比重轻的一般是宜茶的软水；"甘"指水味淡甜；"冽"指水温冷、寒，冰水、雪水最佳。古人琢磨出的这五条是科学的。

照说择水不难，但古人把此事搞得十分复杂。光研究水的专著就有好几部，如唐代张又新的《煎茶水记》，宋代欧阳修的《大明水记》，叶清臣的《述煮茶小品》，明代徐献忠的《水品》，田艺蘅的《煮泉小品》，清代汤蠹仙的《泉谱》等等。更不可思议的是竟为水的等次自唐至清争论上千年还无结论。

　　事情的导因是唐人张又新在其《煎茶水记》中"披露"已作古的茶神陆羽将"天下之水"排了座次，"庐山康王谷水帘水"居榜首，昔人称誉的"蒙山顶上茶，扬子江心水"其中的"扬子江南零水"屈居第六，第二十名是"雪水"。张又新又兜出已故刑部侍郎刘伯刍的"排名录"，将"扬子江南零水"列为榜首。张本人又提出第一非"桐庐江严子滩水"莫属。此后有欧阳修、宋徽宗、朱权、张谦德、许次序等人加入争论。此事起因就很可疑，唐时交通不便，陆羽纵是品水天才，能走遍全国尝遍"天下之水"吗？将水分等且划分如此细，大可不必，但诸位茶学专家如此认真又非偶然，这是封建等级观念使然。人既分等，水有灵性，自然也该分等。中国的士一般不亲事劳作，生活节奏慢，有雄心悟大道做大学问，也有耐心小题大作。

　　不管此事值不值得争，反正争了上千年，最终还是靠"一把手"表态解决问题。精于茶道的乾隆皇帝亲自调查，钦定北京玉泉水为"天下第一泉"，并撰写《玉泉山天下第一泉记》文曰：尝制银斗较之：京师玉泉之水，斗重一两；塞上伊逊之水，亦斗重一两；济南之珍珠泉，斗重一两二厘；扬子江金山泉，斗重一两三厘；则较之玉泉重二厘、三厘矣。至惠山、虎跑，则各重玉泉四厘；平山重六厘；清凉山、白沙、虎丘及西山碧云寺，各重玉泉一分；然则更无轻于玉泉者乎？曰有，乃雪水出。尝收集素而烹之，较玉泉斗轻三厘。雪水不可恒得，则凡出于山下而有冽者，诚无过京师之玉泉，故定为"天下第一泉"。（见清·梁章矩《归田琐记》）乾隆皇帝聪明智商高，用"比重法"定高下，妙！这也有一定科学道理，比重轻的一般是宜茶的软水。

茶中有道。这反映了中国一个有趣的文化现象："官大表准"！——这个故事讲的是几个人对时间，在弄不清时间标准的情况下，人们的习惯心理是谁的官阶高，谁的手表便走时准确，便以此为准校正手表走时。皇帝是天子，举足为法，吐词为经，乾隆说玉泉是"天下第一泉"，谁还有胆量再说三道四！不服？忍着。自此不再为水的等次费唇舌了。

究竟什么水宜茶呢？一般人赞同陆羽的观点："山水上，江水中，井水下。"这是以水源分类，还要加上天上落下的雨水、雪水，还有今之自来水，蒸馏水。何种为佳？得具体分析。由于工业污染，"扬子江心水"大概无资格充当"水状元"了。

古人对烹茶用水并不教条，仍相信自己的经验或直觉，就地取材。事实上天下人不可共饮一泉，何况茶人更重的是品茗之趣。由此而生发的"品水文学"旨在写茶趣，写情怀。咏泉水的，如：坐酌泠泠水，看煎瑟瑟尘。无由持一碗，寄与爱茶人。——唐·白居易《山泉煎茶有怀》泻从千仞石，寄逐九江船。迢递康王谷，尘埃陆羽仙。何当结茅屋，长在水帘前。

——北宋·王禹偁《谷帘泉》飞泉天上来，一落散不收。披岩日璀璨，喷壑风飕飗。采薪绝品，诧茗浇穷愁。敬谢古陆子，何来复来游。

——南宋·朱熹《康王谷水帘》其它如"文火香偏胜，寒泉味转嘉。"（唐·皎然《对陆迅饮天目山茶因寄元居士晟》）"银瓶贮泉水一掬，松雨声来乳花熟。"（唐·崔珏《美人尝茶行》）"自汲香泉带落花，漫烧石鼎试新茶"（宋·戴昺《赏茶》）等。

咏江河水的，如：江湖便是老生涯，佳处何妨且泊家。自汲淞江桥下水，垂虹亭上试新茶。

——宋·杨万里《舟泊吴江》蜀茶寄到但惊新，渭水蒸来始觉珍。满瓯似乳堪持玩，况是春深酒渴人。

——宋·余靖《和伯恭自造新茶》桃花未尽开菜花，夹岸黄金照落霞。自昔关南春独早，清明已煮紫阳茶。

——清·叶世倬《春日兴安舟中杂咏》这三首诗第一首歌咏吴淞江，此水源于太湖，至上海与黄浦江会合，由吴淞口入海。陆羽择水排名录上位列十五。第二首咏渭水，未入排名录。渭水系黄河支流，流经黄土地带，一般人认为水浊不宜泡茶，但明人许次忬认为"浊者，土色也。澄之既净，香味自发。"并说"饮而甘之，尤宜煮茶，不下惠泉。"看来他说的很有道理，诗人余靖用渭水烹蜀茶，觉其味"珍"。第三首咏汉江水，即陆羽排名录上的"汉江金州上游中零水"，排名十三。舟行江中，汲水烹茶，自然别有情趣。所烹紫阳茶系唐代贡茶，明清及民国时代畅销大西北，并经"丝茶之路"远销中东、北非。

咏井水的，如：我有龙团古苍璧，九龙泉深一百尺。凭君汲井试烹之，不是人间香味色（宋·欧阳修）。

《送龙井与许道人》咏井水的佳句还有"碾为玉色尘，远汲芦底井"（宋·梅尧臣《答建州沈屯田寄新茶》）。"莆中苦茶出土产，乡味自汲井水煎"（元·洪希文《煮土茶歌》）。"下山汲井得甘冷"（宋·杨万里《谢木韫之舍人分送讲筵赐茶》）等。井水是浅层地下水，易污，易腐。宋人唐庚《斗茶记》云："茶不问团夸，要之贵新；水不江井，要之贵活。"如何活？陆羽的经验是"井水，取汲多者"，"汲多则水活"。

雪水、雨水，古人誉为"天泉"，宜于煮茶。分析表明，雨水雪水是软水，硬度一般在0.1毫克当量/升左右，含盐量不超过50

毫克/升，较纯洁。咏雪水佳句有"融雪煎香茗"（唐·白居易《晚起》）；"细写茶经煮香雪"（宋·辛弃疾六么词令）；"试将梁苑雪，煎动建溪春"（宋·李虚已《建茶呈学士》）；"夜扫寒英煮绿尘"（元·谢宗可《雪煎茶》）等。

茶人如此重视水质，"真水"又不是随处可汲，于是一门特殊服务行业——运水业应运而生。此业始于明代，明人李日华书有"运泉约"，说明双方买卖宜茶泉水的交易情况，并以此为凭。这是专为饮茶者服务的行业。这一古老行业在大陆今不复存，但在台湾至今还有操此业者，多是茶艺馆购买，5加仑一桶的泉水时价50 - 70元（台币）。运泉人一要会找泉，二要会品水。他们的经验是远离人烟、水温冬暖夏凉、甘而不寒的泉水最佳，用这样的泉水烹茶，茶味发挥好，茶水口感好，不咬舌（涩感）。同一口泉，秋季最佳。而且据说全年以端午节11时45分到12时15分取的"午时水"最佳，可经年不坏，卖价亦高平时一倍。这一说法不大可信，或许为了渲染行业神秘色彩并哄抬水价故如此说。与之相类似的说法是端午节"百草皆可入药"。这不科学，但是一种值得研究的文化现象。其中有"道"。

买水烹茶于茶道是大煞风景的，因为择水亦是茶趣之一端。买水实出无可奈何。茶人亲自汲泉煎茶，是心灵的享受，颇有诗情画意。如诗人陆游居蜀效蜀人煎茶，并写下《夜汲井水煮茶》，原诗是：病起罢观书，袖手清夜永。四邻悄无语，灯火正凄冷。山童亦睡熟，汲水自煎茗。锵然辘轳声，百尺鸣古井。肺骨漂寒清，毛骨亦苏省。归来月满廊，惜踏疏梅影。诗人病卧床榻，以书为友。大概病稍有转机，下床走走，此刻已夜深人静，寂寞、凄冷，如何打发这漫长的夜晚？于是诗人效蜀人亲自汲水煎茶。锵然之声在深深的古井里迥响，水甘冽，沁人心脾，周身毛孔为之通达，病似乎又减了几分。归来时心情更为舒畅，月满长廊，疏疏的梅影印在地上，如诗如画，真不忍践踏这如画的梅影。这首诗写诗人在汲水煎茗时心灵的感受。苏东坡也写有《汲江水煎茶》，一个汲的井水，一个汲的江水，水不同，茶趣却异曲同工。诗云：活水还须活火烹，自临钓石汲深清。大瓢贮月归春瓮，小杓分江入夜瓶。雪乳已翻煎处脚，松风忽作泻时声。枯肠未易茶三碗，卧听山城长短更。这首诗写出了从汲水到饮茶的全过程，是一人表演的茶道，相当于"独脚戏"。对于烹茶苏东坡比陆游更内行，南宋的胡仔在《曹溪渔隐丛话》中评论道："此诗奇甚！茶非活水，则不能发其鲜馥，东坡深知此理矣！"下钓之处水不湍急，亦非深潭，水质鲜活且较洁净。"活水还须活火烹"，仅此一句，足以说明苏子是茶道高手。"大瓢贮月"、"小杓分江"，汲水之乐溢于言表。后四句写煎写饮，写形写声，无不中规中矩。

总之，在茶艺中"水"与"茶"是最重要的两件事，是材料也是技巧，二者相辅相成，缺一不可。

茶艺"四要"之三——火

活火茶有九难，火为之四。烹茶要"活火"，燃料选择上一要燃烧值高，二要无异味。如何看火候？"三大辨，十五小辨"是古人的经验。

饮食行业谚话曰："三分技术七分火。"

烹茶用火不易，所以陆羽《茶经·六之饮》中提出"茶有九难"火为之四。并说"膏薪疱炭，非火也"，即有油烟的柴和沾有油腥气味的炭不宜作烤、煮茶的燃料。

就如烤饼茶而言,其火功就很难掌握。《茶经·五之煮》写道:凡炙茶,慎勿于风烬间炙。熛焰如钻,使炎凉不均。持以逼火,屡其翻正。候炮出培,状蛤蟆背,然后去火五寸。卷而舒,则本其始,又炙之。若火干者,以气熟止;日干者,以柔止。

唐代饮用的饼茶,属于不发酵的蒸压茶类。炙茶就是烤制饼茶,成功与否全在于对火功的掌握。不能在迎风的余火上烤,火焰飘忽,令受热不均。夹着茶饼近火烤之,勤翻转,等烤出象蛤蟆背一样的泡来时,然后离火五寸烤,待卷缩的茶饼舒展开再烧一次。若是焙干的饼茶要烤到水气蒸发完为止;若是晒干的,烤到柔软为止。

能否烤好饼茶,掌握火候是关键。古人说:"物无不堪者,唯在火候,善均五味。"

火候包括火力、火度、火势、火时。火力包括急火(武火)、旺火、慢火(文火)。

如今之云南"烤茶",似是古代烤茶的遗风。其法是先将砂罐烘热,再放入茶叶用文火烤,不能立刻焦黄,但要烤透,烤到茶叶焦香扑鼻再取出烹茶。若用开水直接冲泡烤茶,便会发出"嗞嗞"响声,又名"响雷茶"。

怎样看火候?看火焰燃烧情况无多大意义,主要依据是"看汤",即观察煮水全过程。对此,明代的张源在《茶录》中讲的全面,原文是:汤有三大辨、十五小辨。一曰形辨,二曰声辨,三曰气辨。形为内辨,声为外辨,气为捷辨。如虾眼、蟹眼、鱼眼、连珠,皆为萌汤;直至涌沸如腾波鼓浪,水气全消,方是纯熟。如初声、转声、振声、骤声,皆为萌汤,直至无声,方是纯熟。如气浮一缕、二缕、三四缕，及缕乱不分，氤氲难绕，皆为萌汤；直至气直冲贯，方是纯熟。这是经验之谈，很精辟，叙述方式是地道的中国特点，擅长形象思维，绘声绘影，维妙维肖，不善于运用科学术语和逻辑推理。所谓"汤有三大辨，十五小辨"，实际上是观察水的沸腾，未及100℃，水中的汽泡由无到有，有小到大，由断续冒泡到连续冒泡。小大泡附于器壁，大概叫"虾眼"，一般水一受热便会出现。然后汽泡渐大，似"蟹眼"，似"鱼眼"，最后"连珠"涌出；汽化现象达到高潮，水温升至100℃，则如"鼓浪"，即沸腾是也。以沸点为界，未沸叫"萌汤"（又作"盲汤"），已沸叫"纯熟"。这是"形辨"。宋代黄庭坚《踏莎行》内有一句"银瓶雪滚翻成浪"就是描写水沸腾时情状。宋代以前烧水用"鍑"，形似釜式大口锅，方耳，宽边，鍑底中心突出似"脐"，因无盖故可形辨。宋以后改用有盖铜瓶烧水，是否沸腾只有靠"声辨"。所谓"初声"、"转声"、"振声"、"骤声"皆是未沸时水汽与器壁共振发出的声响；无声则沸。如俗语所说"开水不响，响水不开"，此话又用来比喻谦虚，所谓"满坛子不响，半坛子咣荡"。水沸腾时一般汽化现象基本中止，声波共振亦随之基本中止，所以"开水不响"。这是声辨。气辨是看汽化现象强弱，水温达100℃便蒸气升腾，直到烧干为止。当蒸气直冲，并掀开瓶盖时，水定已沸腾。

　　那年头没有温度计，古人只好靠眼、耳判断水是否沸腾。皮日休是唐代诗人，他的《煮茶》就写了"三辨"，诗曰：香泉一合乳，煎作连珠沸。时看蟹目溅，乍见鱼鳞起。声疑松带雨，饽恐生烟翠。

　　清代名士李南金也写有一首咏煮茶火候的诗，诗曰：砌虫唧唧万蝉催，忽有千车捆载来，听得松风并涧水，急呼缥色绿瓷杯。李南金和皮日休的观点相同：水临近沸点，火候恰到好处。但按张源的"三辨"之说此刻水未纯熟，仍是萌汤。何者为宜？古人云，"老与嫩，皆非也"，又说"水老不可食"。"老"指水烧过了头，有益矿物质全析出，有毒物质亚硝酸盐含量因蒸发而升高，水无刺激性，味滞纯，说"水老不可食"有一定道理。"嫩"指水未开，矿物质未析出，水不好喝，因温度不够，茶叶中有益物质未充分溶解，香气和滋味均不佳。还有人主张水煮至"蟹眼"恰到好处。如名士褚人获就认为"若声如松风涧水而遽瀹（yuè）之，岂不过于老而苦哉！"他说：松风桧雨到来初，急引铜瓶离竹炉，待得声闻俱寂后，一瓯春雪胜醍醐。

　　一般说来，煮茶多用武火与文火，没炒菜那么复杂，但在燃料的选择上要求比较特殊。《茶经·五之煮》云：其火，用炭，次用劲薪。其炭，曾经燔（fán）炙，为膻腻所及，及膏木、败器，不用之。古人有劳薪之味，信哉！陆羽认为煮茶最好用木炭，其次是硬柴，如桑、槐、桐、栎一类。沾染了油腥气味的曾烧过的炭，以及含油脂的木柴，如柏、桂、桧一类，还有腐朽的木器都不能用来煮茶，否则会有"劳薪之味"，此语典出《晋书·荀勖（xù）传》，说的是晋代荀勖与皇帝一块吃饭，荀勖说这饭是用"劳薪"烧的，皇帝惊奇，问厨子，果然是用陈旧的车脚做燃料烧的饭。

　　陆羽此论很有道理，燃料不洁则必串味，有损茶品。他强调烹茶要用"活火"，唐代李约说"茶须缓火炙，活火煎"，苏轼说"贵从活火发新泉"、"活水还须活火煮"。所谓"活火"，大概指燃料洁净，无异味，燃烧力强，有火焰。唐代苏廙（yì）着《十六汤品》概叙茶汤好坏，其中有五品都因为燃料不好而坏了茶汤，文中说：……第十二，法律汤：凡木可以煮汤，不独炭也。惟沃茶之汤非炭不可在茶家亦有法律，水忌停，薪忌熏。犯律逾法，汤乖，则茶殆矣。第十三，一面汤：或柴中之麸火，或焚余之虚炭，木体虽尽，而性且浮。性浮，则汤有终嫩之嫌。炭则不然，实汤之友。第十四，宵人汤：茶本灵草，触之则败。粪火虽热，恶性未尽，作汤泛茶，减耗香味。第十五，贼汤，一名贱汤：竹条树梢，风日干之，燃鼎附瓶，颇甚快意，然体性虚薄，无中和之气，为茶之残贼也。第十六，魔汤：调茶在汤之淑慝（tè），而汤最恶烟。燃柴一枝，浓烟蔽室，又安有汤耶；苟用此汤，又安有茶耶。所以为大魔。苏廙认为燃料有烟不行，有异味不行，无火焰不行，火焰不持久亦不行，一句话关总：煮茶非炭莫属！用竹条树梢或烟柴必坏汤品。明人许次纾在《茶疏》中进一步发挥苏廙的论点，并主张炭先烧红，待异味余烟散尽火力正猛时煮水烹茶必得最佳汤品。他主张武火乃至急火煮水，猛水还以扇助之，愈速愈妙。这样煮出的水不会"鲜嫩风逸"，不会"老熟昏钝"。

明以后由煮茶发展到以开水冲泡，"火候"一说"燃料"一说自然也由繁到简。水开即冲茶，无须"三大辨、十五小辨"。燃料业已多样化，煤、煤气、液化气、电等等，城市里以木炭煮水并非易事，燃料难以买到。但"活火"一说，防止燃料异味串味损坏茶品一说，对现代茶人仍有指导作用。

茶艺"四要"之四——器

妙器茶艺四事，茶具乃其一端。中国茶具在唐代以前是与食器混用，作为品茗专用的茶具草创于唐代，陆羽功不可没；宋承唐制，为适应斗茶游戏有所损益；明清趋于完善，尤以宜兴紫砂壶以其艺术性、文人化而被誉为神品。茶具发展总趋势是由繁趋简、由粗趋精,历古朴、富丽、淡稚三个阶段。茶具的发展与文化同步、与茶道同步。

茶道作为一门艺术,审美是全方位的。作为一门文化艺能,讲究精茶、真水、活火,还讲究"妙器",所谓名茶配妙器,珠连璧合,相得益彰。

茶具始于何时?

西汉末年,王褒的《僮约》有"烹茶尽具"之说,是否有专用茶具?不得其详。《广陵耆老传》内云:"晋元帝时,有老姥每旦独提一器茗,往市鬻(yù)之,市人竞买,自旦至夕,其器不减。"老姥所卖为茶粥,非饮料而是食品,那器大概是食器兼用作茶具。左思《娇女》诗有"止为茶荈据,吹嘘对鼎𨥨(lì)"两句,虽以茶为饮品,然"鼎𨥨"是当时的食器而非茶器。说得更明白的是晋代卢琳的《四王起事》记晋惠帝遇难逃亡,返回洛阳,有侍从"持瓦盂承茶,夜暮上之,至尊饮以为佳"。这段文字说明晋代已有饮茶时尚,但承茶之具是瓦盂,即盛饭菜的土碗。

显然,唐代以前是茶具与食器混用。

事实上,茶具专用始于唐代,陆羽应得此项发明专利。

《茶经》详述28种茶具,内生火用具有风炉、灰承、筥(jǔ)、炭和火夹5种,煮茶用具有鍑(即"釜之大口者也")和交床2种,制茶用具包括夹、纸囊、碾、拂末、罗合和则6种,水具包括水方、漉水囊、瓢、竹夹和熟盂5种,盐具包括鹾(cuó)簋(guǐ)和揭2种,饮茶用具包括碗和札2种,清洁用具包括涤方、滓方和巾3种,藏陈用具包括畚、具列和都篮3种。

茶具二十八种中望文生义亦难晓其功用的有几种,如"筥",

是放炭的箱子，竹或藤编，高一尺二寸，底七寸。炭是火或敲炭用的铁捧，长一尺。鍑，即釜或锅，生铁制成。交床是放鍑的架子。罗合是罗筛与盒子。则是量茶用具。鹾簋是放盐器皿。揭是取盐器具。熟盂是盛开水的容器。畚是搁碗的。涤方是盛放洗涤后的水的容器。滓方是盛放茶滓的。具列是搁置全部茶具的，成床形或架形。都篮是盛放全部器物的竹篮。

这套茶具以其实用价值而备受茶人欢迎。《封氏闻见记》中"饮茶"一节载：楚人陆鸿渐为《茶论》，说茶之功效并煎茶炙茶之法，造茶具二十四事以都统笼贮之。远近倾慕，好事者家藏一副。有常伯熊者，又因鸿渐之论广润色之，于是茶道大行，王公朝士无不饮者。作者封演是唐玄宗天宝末进士，撰定此书在德宗贞以后。陆羽逝于贞元二十年（804年）冬，享年72岁。封演和陆羽是同时代人，他的话自应看作信史。文中"事"是量词，"二十四事"即24种茶具，大概未将藏陈用具列在内，又漏了一件，故以24件计。"茶道"一词开始流通使用。这也说明，《茶经》虽无"茶道"一词，但陆羽推广茶道实已身体力行。"茶道大行，王公朝士无不饮者"，说明饮茶已成唐代上流社会的时尚。饮茶既已等同吃饭，茶具与食器混用时代也告结束，茶功不再以祭祀、药用、食用为主，成为正宗饮料。茶作为国饮后来并成为世界三大饮料之一的地位自唐代奠定。

陆羽在茶具的设计上有明显的推行"茶道"的意图。茶具的设计不仅有实用价值，还有观赏价值，式样古朴典雅，有情趣，给茶人以美的愉悦。更重要的是富有中国先秦文化的内涵，又具"当代"（指唐代）特征。如列为第一件的风炉，式样古雅，设计巧妙，反映了唐代的工艺水平，炉体铸的字传递了古代文化的信息。

炉脚上铸有"坎上巽下离于中"、"体均五行去百疾"和"圣唐灭胡明年铸"21个古文字。在支架鍑的三个"格"上分别铸上"巽"、"离"、"坎"的卦的符号及其相对应的象征物风兽"彪"、火禽"翟"、水虫"鱼"。炉壁三个小洞口上方分别铸刻"伊公"、"羹陆"和"氏茶"各两个古文字,连读作:"伊公羹"、"陆氏茶"。

据《周易·鼎》说:"象曰:木上有火,鼎"。"鼎"有取新之意,成语"革故鼎新"便是"鼎革"之意。风炉是根据《周易》的卦义设计的。"坎"生水,"巽"生风,"离"生火,"坎上巽下离于中"的意思是:煮茶之水承于上,烧水之火燃于中,吹火之风鼓于下。"体均五行去百疾"是借五行学说颂茶之功。"圣唐灭胡明年铸"说明此风炉铸于唐代宗广德二年(764年),也记载了唐代一个重大历史事件,饮茶存史,两事合一,足见茶道之大。"伊公羹"说的是商初贤相伊尹以烹饪技艺致仕的故事。《辞海》引《韩诗外传》载:"伊尹……负鼎操俎调五味而立为相。"伊尹相汤以功绩卓著入史。伊尹被后人誉为圣贤。陆羽与之并称,且称自己的著作为"经",若一味苛求似乎陆羽有违圣人关于"谦虚"的教诲,这也说明陆羽很有个性,对自己所开创的事业充满自信。确也名符其实,陆羽于茶事是"举足为法,吐词为经",祀为茶神就是后人对他的定论。

陆羽的茶具颇具文化特色,南宋审安老人还觉不雅,绘《茶具图》12幅,并以官称和职衔命名茶具,茶事掺入人事,形象高雅,妙趣横生。如称都篮为"韦鸿胪","鸿胪"一官在东汉以后主要职掌为朝祭礼仪之赞导,官署为鸿胪寺,唐代改为司宾寺,南宋不置。还有"金法曹"(金碾)、"石转运"(石碾)、"罗枢密"(罗合）、"胡员外"（葫芦瓢），还有叫"木待制"、"宗从事"、"漆雕秘阁"、"汤提点"、"竺副帅"、"司职方"的。

宋承唐制，变化不大，为适应"斗茶"，煎水用具由鍑改用铫（yáo）、瓶。铫，俗称吊子，有柄有嘴。饮茶用具改碗作盏，唐代茶碗尚青色，因当时饼茶汤色多为淡红，青瓷衬托，"半瓯青泛绿"，色泽自然明丽。宋代茶盏尚黑，以通体施黑釉的"建盏"为上品。宋代习饮末茶，茶汤泛白沫，黑色衬托便于看水痕，并区分茶质优劣。建盏在烧制过程中通过窑变形成美丽异形的花纹，以兔毫斑和鹧鸪斑最珍贵。此外，宋代茶具还多了茶筅，即竹帚，用于斗茶时搅茶汤用。

显然，宋代茶具的损益以"斗茶"为中心，这反映了市井文化的繁荣。宋代的经济较为发达，张择端的《清明上河图》是其写照。因其繁荣而文恬武嬉，世风日靡，达官贵人，文人雅士以"斗茶"为乐，茶道不再有严肃之主题。

明清世风渐变，特别是明中叶以后，整个社会审美情趣力避浮华，主张回归自然，重自然、重逸、重神，文艺界的最新创意是以"淡"为宗。正如明代文人陈继儒在《容台集叙》中所说：凡诗文家，客气、市气、纵横气、草野气、锦衣玉食气，皆鉏（chú）治抖擞，不令微细流注于胸次而发现于毫端……渐老渐熟，渐熟渐离，渐离渐近于平淡自然，而浮华刊落矣，姿态横生矣，堂堂大人相独露矣。

于是，茶从娱乐文化中解脱出来，重新成为灵魂之饮。茶具不再崇金贵银，以陶质瓷质为尚。为适应由饮末茶到散茶的变化，茶盏尚白。明人屠隆《考盘余事》说："宣庙时有茶盏，料精式雅，质厚难冷，莹白如玉，可试茶色，最为要用。"许次纾在《茶疏》

中说："其在今日，纯白为佳。"

在我国茶具发展史上，明清登峰造极。明太祖朱元璋洪武二年（1369年），在江西景德镇设立工场，专造皇室茶具。清乾隆时景德镇瓷工技巧已达高峰。景德镇瓷茶杯造型小巧，胎质细腻，色泽鲜艳，画意生动，驰名于世。《帝京景物略》有"成杯一双，值十万钱"之说。瓷茶具洁白光亮，泡茶叶片舒展，色泽悦目，其味甘醇，不失茶之真味，又助品饮雅兴。此后阳羡（宜兴）茗壶异军突起，尤其是以五色土烧成的紫砂壶与景德镇瓷器争名于天下，并有"景瓷宜陶"之说。明人周高起于崇祯十三年（1640年）著《阳羡茗壶系》中说：近百年中，壶黜于银锡及闽、豫瓷而尚宜兴陶。又近人远过前人处也。

陶曷取诸其制以本山土砂，能发真茶的色香味。不但杜工部云，倾金注玉惊人眼，高流务以免俗也。至名手所作，一壶重不数两，价重每一、二十金，能使土与黄金争价。世日趋华，仰足惑矣。固考陶工陶土而为之系。

紫砂茶具工艺独特，是品茗妙器，艺术珍品。古人云，"茗注莫妙于砂，壶之精者又莫过于阳羡"，"壶必言宜兴陶，较茶必用宜壶也"。欧阳修曾写诗赞颂，"喜其紫瓯吟且酌，羡君潇洒有余清"。此壶造型曲雅古朴，泡茶汤色澄清，香味清醇，汤味醇正，隔夜不馊，享有"世界茶具之首"的美誉。

宜兴茗壶成为一门艺术，并形成派系，大体划分有创始、正始、大家、名家、雅流、神品、别派等。其艺创于金沙寺僧，成于龚春。龚春后有"四名家"，即董、赵梁（或作良）、袁（或作玄）锡、时朋。董工巧，其余三家古拙。四人都成名于明代万历年间。他们的贡献是使宜兴壶艺术化，此后的时大彬使之文人化，堪称空前绝后的制壶大师。名士陈维崧写诗赞美道：宜兴作者推龚春，同时高手时大彬，碧山银槎濮谦竹，世间一艺皆通神。时大彬是时朋的儿子，从模仿"供春壶"入手，后创制小型陶壶，时人评价他的壶"不务妍媚而朴雅坚栗，妙不可思"。同时名家，或文巧，或精巧，或精妍，或坚致不俗，或坚瘦工整。陶壶式样有供春式、菱花式、汉方、扁觯、小云香、提梁卣、蕉叶、莲芳、鹅蛋、索耳等；泥色有海棠红、朱砂紫、定窑白、冷金黄、澹墨、沉香、水碧、葵黄等。

宜兴陶壶的走俏有其文化背景。明中期以后文坛思潮标举性灵，主张回归自然，宜兴陶壶经时大彬等的革故鼎新，颇能迎合江南一带文人的审美情趣。宜兴陶壶的发展也大大促进了茶道的普及，不仅上层社会，就是一般平民百姓也可玩味"精茶配妙器"。

宜兴紫砂茶具不仅为国人宠爱，还远销世界50多个国家和地区，参加了70多次国际博览会，誉之为"陶中奇葩"、"茗陶神品"、"中国瑰宝"。送去的不仅是茶具，还有中国茶道，也让人类共同领悟茶之精神，享受"精茶配妙器"的乐趣。

古今茶具以陶瓷为正宗，还有用金、银、铜、玉器、玛瑙、玻璃、搪瓷、竹木、椰壳等材料制作。新材料中以玻璃茶具为佳，特别是品饮形与色俱佳的名茶如龙井、白毫银针、碧螺春等，既可品饮，又可观尝茶芽之奇姿美色，以助茶兴。武夷岩茶、铁观音等乌龙茶类的品饮，其茶具又别具一格，自成体系。一套茶具包括4件：玉书碨，乃烧水茶壶，扁形；汕头风炉；孟臣罐，乃紫砂茶壶；若深瓯，白色瓷杯。

综上所述，中国茶具发展的总趋势是由粗趋精，由繁趋简，材料的使用和造型的变化反映了不同时代经济发展、科学技术和审美心理的差异。茶具的功用不仅仅是盛茶，还涵盖同时代的文化，提供审美对象，增进茶趣，以助茶兴。中国茶具草创于唐代，以古朴为审美趣向；损益于宋代，以富丽为审美趣向；完善于明清，以淡雅为审美趣向。这不仅和中国茶道的发展同步，也与中国文化的发展同步。

第四章 茶与宗教（上）

普洱茶与原始宗教

茶与宗教有着密切的关系，思普区是普洱茶乡，在这一片广袤的土地上，居住着哈尼、彝、傣、拉祜、佤、布朗、基诺、回、瑶、傈僳、白、苗、壮、汉等十四种世居民族，千百年来，由于自然力量和社会力量在人们意识中形成的虚幻反映等多种因素，在民间产生了各种超自然神灵崇拜的原始宗教、佛教、道教、伊斯兰教等。因普洱茶具有敬献、养心、解渴、提神、消食、明目、解毒、保健等功能，在各种宗教祭祀礼仪活动中能发挥独特的作用，故本土生产的普洱茶增派上了好用场。

思普区昔日的原始宗教有哈尼族原始宗教、彝族原始宗教、傣族原始宗教、拉祜族原始宗教、佤族原始宗教、布郎族原始宗教等。原始宗教是一种古老的多神崇拜和祖先崇拜，认为万物有灵，除崇拜祖先外，还以树木、山、水、火、风、雪等作为崇拜对象。除此之外，拉祜族还有图腾（葫芦）崇拜，佤族有木鼓（女神）崇拜等。这此祭祀活动由各民族的祭司、巫师（哈尼族称"白母"或"具牟"）、毕摩（彝族称"苏尼"或"苏耶"）、魔巴（拉祜族

第四章
茶与宗教（上）

巫师之称，大魔巴称"安恩格"，小巫师称"周比"）、窝朗（佤族祭司之称，或稍"芒那客绕"）等来主持。

　　思普区的哈尼族认为龙神最大的保护神，在祭祀活动中，以祭龙为最隆重。农历一月，各村寨都聚集在龙树林中杀猪祭祀，并供献酒、茶、饭、花、果等，祈求龙神保佑五谷丰登，六畜兴旺，祭礼要献"五供品"，茶是其中之一。江城、墨江的哈尼族支系人家家都供祖先家神，一般供三代，每年供献二次，第一次在过年杀猪天（属龙日）供茶，家人用一大碗猪肉、肝和三碗米、三碗酒、三碗茶又及一些槟榔、草烟献在家神下，掌家人面对神位跪拜念咒语，祈求祖先保佑，免遭灾难。家人过大年吃饭前，要用猪肉，肝及烟、酒、茶、米供祖宗，当家人念完祝祠后，将供品每样取一点泼洒在门外。江城、黑江的哈尼族切地人信仰多神，崇拜较深的是家神，称"朱戈"，每逢节日和喜庆日子献祭，供奉两代人，即家长的祖辈和父辈，献祭物品有饭、酒、茶和鲜花。家神"朱戈"没有偶象。只是象征性的钉一棵小椿在家里中柱上。切地人杀猪过年时，猪拴紧后要用一些米和茶到掌家人住的卧房中柱前献祭家神"朱戈"，祈祷完后，由庭主妇拿一些茶、米和清水抛散在猪身上祝念"明年换个更大更胖的来"，祝语后才杀。澜沧的哈尼族僾尼人过春节时要杀一只鸡，盛一碗饭，倒一杯茶水献祭家神。普洱县一带的哈尼族布都支系人每年正月，全寨人都要择日在龙神树脚下祭龙过龙巴节。祭龙时于天亮前备办好的三碗米饭、三个染红的熟鸡蛋、三杯清酒、三杯茶水、六柱香火和一只小公鸡，趁着夜幕到石岩脚下背神，天亮后，各家各户都要到神树脚下献饭。农历六月十五到三十日，要选择一个天气晴朗的早晨叫谷魂，备好一碗糯米饭，一个熟鸡蛋，三杯清酒、三杯茶水、六柱香火，几根红线，到自己的田边献祭，把酒和茶水洒在田上，把红线拴在稻杆上，再用镰刀把拴了线的稻杆割下，连同斋饭一起收进箩里，点着香火叫谷魂回家。墨江、普洱的哈尼族布孔支系人农历冬月过"米色扎"（新年）节时，要杀猪献祭家神，杀猪前要用米、茶、酒献给肥猪，猪肉煮熟后要拿些肝、肠、茶、酒、米和饭菜各放成两碗，加两双筷子，由家长拿到卧床上献祭。祖先家神每年在"嘎特特"（扎龙巴门）后的第十三天，人们要在"普麻波"（供爹龙兔神的大古树）下举行"爹龙兔"献祭活动，将煮熟的猪肉、鸡肉在"普麻波"（龙树）下搭起祭台，把猪、鸡肉、米饭、茶、酒、染红的鸡蛋等祭品摆上，由"普麻阿布"（主祭人）领着大家祈祷神灵。墨江的哈尼族西摩洛支系人农历二月初，祭头龙的第一天，众人集中在龙林内的龙石前面，摆上烟酒茶和糯米饭、熟鸡蛋，由龙头念咒语祈求神灵保佑平安。

思普区的彝族每年正月初一要祭献祖先，景东蒙化支系人二月六、七、八三天，由老人端一斋盘，盛上一碗饭，一个鸡蛋，一根穿着针的红线，一杯酒、一杯茶水、一只猪脚在房屋周围点名叫全家人的魂回来。

澜沧傣族傣绷支系人相信人有魂魄护佑，人生病、体弱是丢魂落魄的原因，要请老人把魂叫回来，叫魂时用蜡烛一对，鸡蛋一个、米一碗、沙子一碗、芭蕉一个、糖、茶、菜各一些摆设在小篾桌上作为贡品。家属有时做了不好的梦，梦见死者托梦之类时，就送些饭菜、茶叶、芭蕉、草烟、槟榔等到佛寺里赕献，请佛爷念经。

澜沧拉祜族信仰万物有灵，其中的寨神是主宰全寨人的神，多数村寨盖有神址，拉祜语称"母耶"（意为跳歌地方），每年正月初二，全寨人集中在"母耶"处跳芦笙舞，舞场中心放有桌子，桌上放有一箩稻谷，旁边点着蜡烛，烧着香火，摆上酒和茶水，人们边跳边唱边喝。纵情欢乐，过完年后，每户要分一点跳舞朝贺过的谷子，放到自己家的谷种上面，以祈求寨神保佑庄稼长得好。

西盟佤族在佤历九至十月份，相当于西历 7 至 8 月间，要举行迎新谷节，佤语称"列伯耿奥"，既是节庆活动，也是宗教祭祀，它源于佤族对谷魂、棉魂和祖魂的崇拜。迎新谷节要吃"神餐"，要摆祭坛，祭坛上放置有茶叶、棉线、钱币、米、米酒、老鼠头、鱼头、蟋蟀、鸡头和少许的碎肉，由祭司虔诚地进行祈祷。祭司念的《新谷颂辞》中有一段祷辞是："先称沙为父，后称粟为母；阿达是茶叶，阿奶是棉花。"阿达是佤语，有几种意思：爷爷、长者、神灵。在《树神祭神》中也有记载："野茶先生芽，盐婆淌口水；谷子长大了，芭蕉发新棚。"

澜沧布朗族崇拜他们的种茶祖先叭岩冷，是叭岩冷率领布朗族种植茶叶的，在布朗族地方史《奔闷》中有记载，在布朗族《祖先歌》中也有唱段，"叭岩冷是我们的英雄，叭岩冷是我们的祖先，是他给我们留下了竹棚和茶村，是他给我们留下了生存的拐棍。"曼景、芒洪及周围的五个布朗族寨，寨民都是叭岩冷属民的后裔，他们共同祭献叭岩冷，1950 年以前，每年祭一次，到曼景上寨后山，原叭岩冷居住的遗址处作祭献，时间在六月初七，祭祀期间，人们不能下地生产劳动，外寨的人也不得进寨。

茶与宗教概说

茶与道教：茶与宗教的关系历来相当密切，最早将茶引入宗教的是道教。

道教是中国汉民族固有的宗教。自东汉顺帝汉安元年（142）道教定型化之后，在名山胜境宫观林立，几乎都栽种茶树，宫观道士流行以茶待客，以茶作为祈祷、祭献、斋戒，以及"驱鬼捉妖"的祭品。同时，茶对人体的功能也在道教门徒的宣扬下被人重视。道教对茶的传播起了一定的作用。

早在唐代时，道士喜饮茶者已比比皆是。由于茶能"轻身延年"，故茶成了想得道成仙的道家修炼的重要辅助手段，而将茶作为长生不老的灵丹妙药。道教在"打醮"、即祭祀时祈祷作法等场合的献茶也成为"做道场"的程序之一。道士们品茶，也种茶。凡在道教宫观林立之地，也往往是茶叶盛产之地。道士们都于山谷岭坡处栽种茶树，采制茶叶，以饮茶为乐，提倡以茶待客，以茶为祈祷、祭献、斋戒、甚而"驱鬼妖"的供品之一。随后，饮茶也进入了佛教的修行。

茶与佛教：佛教的兴盛发达，对茶的广为传播和发展，有很大的影响。

佛教修行之法为"戒、定、慧"。"戒"，即不饮酒，戒荤吃素；"定、慧"，即坐禅修行，要求坐禅时头正背直、不动不摇、不委不倚，而进入专注忘我的境界。此种耗费精神、损伤体力的坐禅，正好以饮茶来调整精气，故饮茶历古以来受到僧人们的推崇。

第四章
茶与宗教（上）

坐禅是佛教的重要修行内容之一，而坐禅与饮茶是密不可分的。僧人坐禅，又称"禅定"。唯有镇定精神、排除杂念、清心静境，方可自悟禅机。而饮茶不但能"破睡"，还能清心寡欲、养气颐神。故历古有"茶中有禅、茶禅一体、茶禅一味"之说。意指禅与茶叶同为一味，品茶成为参禅的前奏，参禅成了品茶之目的，二位一体，到了水乳交融的境地。

在佛教昌盛的唐代，饮茶尤为僧家所好。僧众坐禅修行，均以茶为饮。其中除提神外，也以茶饮为长寿之方。那时僧众们非但饮茶，且广栽茶树，采制茶叶。在我国南方，几乎每个寺庙都有自己的茶园，而众寺僧都善采制、品饮。所谓"名山有名寺，名寺有名茶"，名山名茶相得益彰。因佛教与茶叶有缘，故寺院与产茶有关，著名佛教寺院多出产名茶。院内住持往往招集大批僧尼开垦山区，广植茶树。而一般寺院的四周都环境优异，因而适宜茶树的栽种，故历代寺院都名茶辈出，像南京栖霞寺、苏州虎丘寺、福州鼓山寺、泉州清源寺、武夷天心观、衡山南岳寺、庐山招贤寺等，历史上都出产名茶，名噪一时。如安徽名茶"黄山毛峰"，即产于黄山松谷庵、吊桥庵、去谷寺一带；名茶六安瓜片，即产于安徽齐云山蝙蝠洞附近的水井庵。而庐山以云雾着称，茶树长年生长于云雾弥漫的山腰，庐山招贤寺的寺僧们亦于白云深处劈岩削峪，广栽茶树，采制茶叶，成为著名的"庐山云雾茶"。另外杭州龙井寺产的龙井茶、余杭径山寺的径山茶、宁波无童寺的天童红茶等都为名寺名茶。茶与佛教的紧密程度是空前的。饮茶成了禅寺的日常制度，成了僧众们的主要生活内容，并由此形成了一系列庄重肃穆的饮茶礼仪。在我国的各寺院中，都专设"茶堂"，供寺僧或饮茶辩说佛理，或招施主佛友，品饮清茶。一般在寺院法堂的左上角设"茶鼓"，按时敲击，以召集僧众饮茶。寺僧们坐禅时，每焚完一枝香就要饮茶，以提神集思。有的寺院还设有"茶头"，专司烧水煮茶、献茶待客，有的寺院则在寺门前站立有"施茶僧"，为游人们惠施茶水，行善举。寺院还根据不同的功用，分别冠以各种"茶名"。如以茶供奉佛祖、菩萨时，称"奠茶"；在寺院一年一度挂单时，要按照"戒腊"（即受戒）的年限先后饮茶，称"戒腊茶"；平日寺院住持请全寺僧众吃茶，称"普茶"；逢佛教节庆大典，或朝廷钦赐丈衣、锡杖时，还要举行庄严、盛大的"茶仪"。

宋代，不少皇帝敕建禅寺，遇朝廷钦赐袈裟、锡杖时的庆典或祈祷会时，往往会举行盛大的茶宴，以款待宾客。参加茶宴者均为寺院高僧及当地社会名流。浙江余杭径山寺的"径山茶宴"，以其兼具山林野趣和禅林高韵而闻名于世。径山寺位于浙江余杭，其地山峦叠嶂，古木参天，流水潺潺，茶林遍野，向以山明、水秀、茶美闻名于世。寺内僧众达千人以上，享有"江南禅林之冠"的称誉。径山寺的饮茶之风极盛，长期以来形成了径山茶宴的一套固定、讲究的仪式：举办茶宴时，众佛门子弟围坐"茶堂"，依茶宴之顺序和佛门教仪，依次献茶、闻香、观色、尝味、瀹茶、叙谊。先由住持亲自调沏香茗"佛茶"，以示敬意，称为"沏茶"；然后由寺僧们依次将香茗一一奉献给赴宴来宾，为"献茶"；赴宴者接茶后必先打开茶碗盖闻香，再举碗观赏茶汤色泽，尔后才启口在"啧啧"的赞叹声中品味。茶过三巡之后，即开始评品茶香、茶色，并盛赞主人道德品行，最后才是论佛颂经、谈事叙宜。饮茶在寺院中不仅有助坐禅、清心养身之功效，而且还有联络僧众感情、团结合作之功用。据记载：寺院一年一度的"大请职"期间，在新任西序职事僧确定后，住持即要设茶会，邀请新旧西序职事僧与会，借以对前任职事僧示感谢之意,并希望帮助新职事开展工作。举办茶会之日的清晨,住持特请新任西序职事(西序职事为除住持外寺院中地位最高之人)首座饮茶。入座前,先由住持的近侍写好"茶状"(类似请柬)当众授于新职事;新职事接状后,先要拜请住持,再由住持亲自送其入首座,并亲为之执盏点茶。新职事受过住持茶礼后的次日早晨,也须邀请寺内其它职事僧及僧众们饮茶。饮茶前也要写出茶状,交干茶头(掌管茶水之僧人)贴于僧堂之前以周知众人。然后挂起点茶牌,待僧众齐集僧堂,新西序职事也须亲自为众僧执盏点茶。点茶后其它职事下茶状,请住持饮茶,最后还要新老职事僧互相请茶,以互示敬意及表示今后通力合作。

宋代时,每遇诸山寺院作斋会时,有的寺庙施主往往以"茶汤"助缘,供大众饮用,以为佛门子弟乐善好施的"善举"之一,称为"茶汤会"。

茶与伊斯兰教:伊斯兰教在中国北方及西北边疆的回、维吾尔、哈萨克、乌孜别克、塔吉克、塔塔尔、柯尔克孜、撒拉、东乡、保安等民族地区传播最广。这些地区大部处在高原地带,气候寒冷,以畜牧业为主,并以乳肉类为日常主要食品,蔬菜奇缺,在长期生活实践中,逐步认识饮茶不仅能生津止渴,且有解油腻助消化等功能,加以伊斯兰教戒律是不能饮酒,于是,以酥油茶、奶子茶等敬客,蔚然成风。不少信奉伊斯兰教的国家,如摩洛哥、阿尔及利亚、埃及、阿富汗、巴基斯坦、伊朗等都是如此。

茶与天主教:欧洲最初的饮茶传播者是16世纪到中国及日本的天主教布道者。1556年第一个在中国传播天主教的葡萄牙神父克鲁士,约在1560年返国后介绍:"中国上等人家习以献茶敬客,味略苦,呈红色,可以治病,为一种药草煎成之液汁。"意大利传教士勃脱洛、利玛窦，葡萄牙神父潘多雅以及法国传教士特、莱康神父等也相继介绍："中国人用一种药草榨汁，用以代酒，可以保健康，防疾病，并可免饮酒之害"，"主客见面，互通寒暄，即敬献一种沸水泡之草汁，名之曰茶，颇为名贵，必须喝二三口"。他们在学得中国的饮茶知识和习俗后，向欧洲广为传播。

"茶禅一味"的佛家茶理

佛教在中国兴起以后，由于坐禅需要，与茶结下不解之缘，并为茶文化在中国和全世界传播作出重要贡献，其核心是"茶禅一味"的理念。

禅，梵语作"禅那"，意为坐禅、静虑。南天竺僧达摩，自称为南天竺禅第二十八祖，梁武帝时来中国。当时南朝佛教重义理，达摩在南朝难以立足，促到北方传播禅学，北方禅教逐渐发展起来。禅宗主张坐禅修行的方法"直指人心，见性成佛，不立文字"。就是说，心里清静，没有烦恼，此心即佛。这种办法实际与道家打坐炼丹接近，也有利于养生；与儒家注重内心修养也接近，有利于净化自己的思想。禅宗在中国传到第五代弘忍，门徒达五千多人。弘忍想选继承人，门人推崇神秀，神秀作偈语说："身是菩提树，心如明镜台，时时勤佛拭，莫使有尘埃。"弘忍说："你到了佛门门口，还没入门，再去想来。"有一位春米的行者慧能出来说："菩提本无树，明镜亦无台，佛性常清净，何处染尘埃。"这从空无的观点看，当然十分彻底于是慧能成为第六世中国禅宗传人。神秀不让，慧能逃到南方，从此禅宗分为南北两派，中唐以后，士大夫朋

第四章
茶与宗教（上）

党之争激烈，禅宗给苦闷的士人指出一条寻求解除苦恼的办法，又可以不必举行什么宗教仪式，作个自由自在的佛教信徒，所以知识阶段的文人墨客也推崇起佛教来。而这样一来，佛与茶终于找到了相通之处。

唐代茶文化所以得到迅猛发展与禅宗有很大关系，这是因为禅宗主张圆通，能与其它中国传统文化相协调，从而在茶文化发展中相互配合。

归纳起来，佛教对中国茶文化传播贡献有四：

推动了饮茶之风流行

唐·封演所著《封氏见闻记》曰："南人好饮之，北人初不多饮。开元中，泰山灵岩寺有降魔师大兴禅教。学禅，务于不寐，又不夕食，皆许其饮茶，人自怀挟，到处煮饮。从此转相仿效，遂成风俗，自邹、齐、沧、棣渐至京邑城市，多开店铺，煎茶卖之，不问道欲，投钱取饮。"佛教认为，茶有三德：一为提神，夜不能寐，有益静思；二是帮助消化，整日打座，容易积食，打座可以助消化；三是使人不思淫欲。禅理与茶道是否相通姑且不论，要使茶成为社会文化现象首先要有大量的饮茶人，僧人清闲，有时间品茶，禅宗修练的需要也需要饮茶，唐代佛教发达，僧人行遍天下，比一般人传播茶艺更快。无论如休，这个事实是难以否认的。

为发展茶树栽培、茶叶加工做出贡献

据《庐山志》记载，早在晋代，庐山上的"寺观庙宇僧人相

继种茶"。庐山东林寺名僧慧远，曾以自各之茶执行陶渊明，吟诗饮茶，叙事谈经，终日不倦。陆羽的师傅也是亲自种茶的。唐代许多名茶出于寺院，如普陀寺僧人便广植茶树，形成著名的"普陀佛茶"，一直到明代，普陀山植茶传承不断。又如宋代著名产茶盛地建溪，自南唐便是佛教盛地，三步一寺，五步一刹，建茶的兴起首先是南唐僧人们的努力，后来才引起朝廷注意。陆羽、皎然所居之浙江湖州杼山，同样是寺院胜地，又是产茶盛地。唐代寺院经济很发达，有土地，有佃户，寺院又多在深山云雾之间，正是宜于植茶的地方，僧人有饮茶爱好，一院之中百千僧众，都想饮茶，香客施主来临，也想喝杯好茶解除一路劳苦。所以寺院植茶是顺理成章的事。推动茶文化发展要有物质基础，首先要研究茶的生产制作，在这方面佛教僧侣作出了重要贡献。

创造了饮茶意境

所谓"茶禅一味"也是说茶道精神与禅学相通、相近，也并非说茶理即禅理。

禅宗主张"自心是佛"，无一物而能建立。即然菩提树也没有，明镜台也不存在，除"心识"这外，天地宇宙一切皆无，填上一个"茶"，不是与禅宗本意相悖吗？其实，一切宗教本来就是骗人的，真谈到教义，不必过于认真。我们今人所重视的是宗教外衣后面所反映了思想、观点有无可取之处。

禅宗的有无观，与庄子的相对论十分相近，从哲学观点看，禅宗强调自身领悟，即所谓"明心见性"，主张所谓有即无，无即有，不过是劝人心胸豁达些，真靠坐禅把世上的东西和烦恼都变得没有了,那是不可能的。从这点说,茶能使人心静、不乱、不烦,有乐趣,但又有节制,与禅宗变通佛教规戒相适应。所以,僧人们不只饮茶止睡,而且通过饮茶意境的创造,把禅的哲学精神与茶结合起来。在这方面,陆羽挚友僧人皎然作出了杰出贡献。皎然虽削发为僧,但爱作诗好饮茶,号称"诗僧",又是一个"茶僧"。他出身于没落世家,幼年出家,专心学诗,曾作《诗式》五卷,推崇其十世祖谢灵运,中年参谒诸禅师,得"心地法门",他是把禅学、诗学、儒学思想三位一体来理解的。"一饮涤昏寐,情思朗爽满天地","再饮清我神,忽如飞雨洒轻尘。""三碗便得道,何需苦心破烦恼"。故意去破除烦恼,便不是佛心了。"静心"、"自悟"是禅宗主旨。皎然把这一精神贯彻到中国茶道中。茶人希望通过饮茶把自己与山水、自然、宇宙融为一体,在饮茶中求得美好的韵律、精神开释,这与禅的思想是一致的。若按印度佛教的原义,今生永不得解脱,天堂才是出路,当然饮茶也无济于事,只有干坐着等死罢了。但是中国化的佛教,主张"顿悟",你把事情都看淡些就是"大彻大悟"。在茶中得以精神寄托,也是一种"悟",所以说饮茶可得道,茶中有道,佛与茶便连结起来。祥僧们在追求静悟方面执着很多,所以中国"茶道"二前缀选由禅僧提出。这样,便把饮茶从技艺提高到精神的调度。有人认为宋以后《百丈清规》中有了佛教茶仪的具体仪式规定从此才有"茶道",其实,程序掩盖了精神,便不是"道"了。

对中国茶道向外传播起了重要作用

熟悉中国茶文化发展史的人都知道,第一个从中国学习饮茶,把茶种带到日本的是日本留学僧最澄。他于公元805年将茶种带回日本，种于比睿山麓，而第一位把中国禅宗茶理带到日本的僧人，即宋代从中国学成归去的荣西禅师（1141－1215）。不过，荣西的茶学菱《吃茶养生记》，主要内容是从养生角度出发，介绍茶乃养生妙药，延龄仙术并传授我国宋代制茶方法及泡茶技术，并自此有了"茶禅一味"的说法，可见还是把茶与禅一同看待。这一切都说明，在向海外传播中国茶文化方面，佛家作出重要贡献。

ZHONGHUA
CHAWENHUA

中华茶文化（下）

赵心宇 ◎ 编著

中国出版集团
现代出版社

图书在版编目(CIP)数据

中华茶文化(下)/赵心宇编著. —北京：现代出版社，2014.1
ISBN 978-7-5143-2170-8

Ⅰ. ①中… Ⅱ. ①赵… Ⅲ. ①茶－文化－中国－青年读物 ②茶－文化－中国－少年读物 Ⅳ. ①TS971-49

中国版本图书馆 CIP 数据核字(2014)第 008667 号

作　　者	赵心宇
责任编辑	王敬一
出版发行	现代出版社
通讯地址	北京市安定门外安华里 504 号
邮政编码	100011
电　　话	010-64267325　64245264(传真)
网　　址	www.1980xd.com
电子邮箱	xiandai@cnpitc.com.cn
印　　刷	唐山富达印务有限公司
开　　本	710mm×1000mm　1/16
印　　张	16
版　　次	2014 年 1 月第 1 版　2023 年 5 月第 3 次印刷
书　　号	ISBN 978-7-5143-2170-8
定　　价	76.00 元(上下册)

版权所有,翻印必究;未经许可,不得转载

目 录

第四章　茶与宗教(下)

儒家思想与中国茶文化 ……………………………………… 1
中国茶道与道教 ……………………………………………… 3
中国茶道与佛教 ……………………………………………… 9
茶禅一味的寺院茶道 ………………………………………… 12

第五章　茶与养生

电脑族每天应喝的4种茶 …………………………………… 15
常喝铁观音　养生在身边 …………………………………… 16
明目清肝的菊花茶 …………………………………………… 23
湿热肝病患者可饮适量绿茶 ………………………………… 24

第六章　茶事典故

古今茶事 ……………………………………………………… 26

茶人雅韵 ··· 38

第七章　茶马古道

茶马古道马帮习俗 ··· 55
千年茶马古道上的人生"背"歌 ································· 62
茶马古道的千年历史变迁 ··· 63
川藏茶马古道的形成与历史作用 ································ 65
茶马古道历史线路 ··· 75
茶马古道的积淀：茶文化 ··· 76
茶马古道与茶文化传播 ··· 80

第八章　茶风茶俗

中国各民族饮茶习俗 ··· 85
茶与礼仪 ·· 90
茶与婚姻 ·· 92
茶与祭祀 ·· 94

第九章　茶苑文艺

茶谚诗词 ·· 98
茶与茶联 ·· 105
茶戏歌舞 ·· 112

第四章 茶与宗教（下）

儒家思想与中国茶文化

以孔、孟为代表的儒家思想，在大力宣扬"仁"即爱人的忠恕之道的同时，强调"仁"的施行要以"礼"为规范，提倡德治和教化，反对苛政和任意刑杀。并有"不患寡而患不均，不患贫而患不安"的治国理念。这些思想，造成儒家以中庸为核心的思想文化体系，并形成影响人类文化数千年的东方文化圈，当今包括全世界华人、华裔、日本、韩国及东南亚诸国都从儒学中寻找真理。而中国茶道，也多方体现儒家中庸之温、良、恭、俭、让的精神，并寓修身、齐家、治国、平天下的伟大哲理于品茗饮茶的日常生活之中。

与浩翰宇宙和神奇的太空相比，人类赖以生存的空间实在太小，随着世界人口增长和工业技术进步，人与自然，人与人之间便不断产生矛盾与冲突，在寻求解决人类之间矛盾冲突的办法时，东方人多以儒家中庸思想为指导，清醒、理智、平和、互相沟通、相互理解；在解决人与自冲突时则强调"天人合一"、"五行协调"。儒家这些思想在中国茶俗中有充分体现。历史上，四川茶馆有一个重要功能，就是调解纠纷。某某之间产生分歧，有法律制度不够健全的旧中国，往往通过当地有威望族长、士绅及德高望重文化人作为进行调解，这在四川收"吃茶"。调解的地点就在茶楼之中。有趣的是，通过各自陈述、争辩、最后输理者付茶钱，如果不分输赢，则各付一半茶钱。这种"吃茶评理"之俗延续到全国解决。

机械唯物论认为，水火不相容。但被儒家推为五经之首的《周易》认为，水火完全背离是"未济"卦，什么事情都办不成；水火交融才是成功的条件，叫"既济"卦。茶圣陆羽根据这个理论创制的八卦煮茶风炉就运用了《易经》中三个卦象：坎、离、巽来说明煮茶中包含的自然和谐的原理。因为，"坎"在八卦中为水，巽代表风，离在八卦中代表火。在风炉三足间设三空，于炉内设三格，一格书"翟"（火鸟），绘"离"的卦形；一格书"坎"，绘坎卦图样；另一格书"彪"（风兽）给巽卦。总的意思表示风能兴火，火能煮水，并在炉足上写"坎上巽下离于中，体均五行去百疾"。中国茶道在这里把儒家思想体现得淋漓尽至。

此外，儒学认为天地人文都在情感理性群体和谐相处之中。"体用不二"，"体不高于用"，"道即在伦常日用、工商稼耕之中"，在自然界生生不息的运动之中，人有艰辛、也有快乐，一切顺其自然，诚心诚意对待生活，不必超越时空去追求灵魂不朽，"反身而诚，乐莫大焉"。这就是说，合于天性，合于自然，穷神达化，你便可在日常生活中得到快乐，达到人生极至。我国茶文化中清新、自然、达观、热情、包容的精神，即是儒家思想最鲜明、充分，客观而实际的表达。

中国茶道与道教

中国茶道吸收了儒、佛、道三家的思想精华。佛教强调"禅茶一味"以茶助禅，以茶礼佛，在从茶中体味苦寂的同时，也在茶道中注入佛理禅机，这对茶人以茶道为修身养性的途径，借以达到明心见性的目的有好处。而道家的学说则为茶人的茶道注入了"天人合一"的哲学思想，树立了茶道的灵魂。同时，还提供了崇尚自然，崇尚朴素，崇尚真的美学理念和重生、贵生、养生的思想。

人化自然

人化自然，在茶道中表现为人对自然的回归渴望，以及人对"道"的体认。具体地说，人化自然表现为在品茶时乐于自然亲近，在思想情感上能与自然交流，在人格上能与自然相比拟并通过茶事实践去体悟自然的规律。这种人化自然，是道家"天地与我并生，而万物与我唯一"思想的典型表现。中国茶道与日本茶道不同，中国茶道"人化自然"的渴求特别强烈，表现为茶人们在品茶时追求寄情于山水，忘情与山水，心融于山水的境界。元好问的《茗饮》一诗，就是天人合一在品茗时的具体写照，契合自然的绝妙诗句。

宿醒来破厌觥船，紫笋分封入晓前。

槐火石泉寒食后，鬓丝禅榻落花前。

一瓯春露香能永，万里清风意已便。

邂逅化胥犹可到，蓬莱未拟问群仙。

诗人以槐火石泉煎茶，对着落花品茗，一杯春露一样的茶能在诗人心中永久留香，而万里清风则送诗人梦游华胥国，并羽化成仙，神游蓬莱三山，可视为人化自然的极至。茶人也只有达到人化自然的境界，才能化自然的品格为自己的品格，才能从茶壶水沸声中听到自然的呼吸，才能以自己的"天性自然"去接近，去契合客体的自然，才能彻悟茶道、天道、人道。

自然化的人

"自然化的人"也即自然界万物的人格化、人性化。中国茶道吸收了道家的思想，把自然的万物都看成具有人的品格、人的情感，并能与人进行精神上的相互沟通的生命体，所以在中国茶人的眼里，大自然的一山一水一石一沙一草一木都显得格外可爱，格外亲切。

在中国茶道中，自然人化不仅表现在山水草木等品茗环境的人化，而且包含了茶以及茶具的人化。

对茶境的人化，平添了茶人品茶的情趣。如曹松品茶"靠月坐苍山"，郑板桥品茶邀请"一片青山入座"，陆龟蒙品茶"绮席风开照露晴"，李郢品茶"如云正护幽人堑"，齐己品茶"谷前初晴叫杜鹃"，曹雪芹品茶"金笼鹦鹉唤茶汤"，白居易品茶"野麝林鹤是交游"，在茶人眼里，月有情、山有情、风有情、云有情，大自然的一切都是茶人的好朋友。

诗圣杜甫的一首品茗诗写道：

落日平台上，春风啜茗时。

石阑斜点笔，桐叶坐题诗。

翡翠鸣衣桁，蜻蜓立钓丝。

自逢今日兴，来往亦无期。

全诗人化自然和自然人化相结合，情景交融、动静结合、声色并茂、虚实相生。

苏东坡有一首把茶人化的诗：

仙山灵雨湿行云，洗遍香肌粉未匀。

明月来投玉川子，清风吹破武陵春。

要知冰雪心肠好，不是膏油首面新。

戏作小诗君莫笑，从来佳茗似佳人。

正因为道家"天人合一"的哲学思想融入了茶道精神之中，在中国茶人心里充满着对大自然的无比热爱，中国茶人有着回归自然、亲近自然的强烈渴望，所以中国茶人最能领略到"情来爽朗满天地"的激情以及"更觉鹤心杳冥"那种与大自然达到"物我玄会"的绝妙感受。

中国人不轻易言"道"，而一旦论道，则比执着于"道"，追求于"真"。"真"是中国茶道的起点也是中国茶道的终极追求。

中国茶道在从事茶事时所讲究的"真"，不仅包括茶应是真茶、真香、真味；环境最好是真山真水；挂的字画最好是名家名人的真迹；用的器具最好是真竹、真木、真陶、真瓷，还包含了对人要真心，敬客要真情，说话要真诚，新静要真闲。茶是活动的每一个环节都要认真，每一个环节都要求真。

中国茶道追求的"真"有三重含义。

1. 追求道之真，即通过茶事活动追求对"道"的真切体悟，达到修身养性，品味人生之目的。

2. 追求情之真，即通过品茗述怀，使茶友之间的真情得以发展，达到茶人之间互见真心的境界。

3. 追求性之真，即在品茗过程中，真正放松自己，在无我的境界中去放飞自己的心灵，放牧自己的天性，达到"全性葆真"。

爱护生命，珍惜生命，让自己的身心都更健康，更畅适，让自己的一生过得更真实，做到"日日是好日"，这是中国茶道的追求的最高层次。

"怡"者和悦、愉快之意。

中国茶道是雅俗共赏之道，它体现于平常的日常生活之中，它不讲形式，不拘一格。突出体现了道家"自恣以适己"的随意性。同时，不同地位、不同信仰、不同文化层次的人对茶道有不同的追求。历史上王公贵族讲茶道，他们中在"茶之珍"，意在炫耀权势，夸势富贵，附庸风雅。文人学士讲茶道重在"茶之韵"，托物寄怀，激扬文思，交朋结友。佛家讲茶道重在"茶之德"意在去困提神，参禅悟道，问性成佛。道家讲茶道，重在"茶之功"，意在品茗养生，保生尽年，羽化成仙。普通老百姓讲茶道，重在"茶之味"，意在去腥除腻，涤烦解渴，享受人生。无论什么人都可以在茶事活动中取得生理上的快感和精神上的畅适。

第四章 茶与宗教(下)

参与中国茶道，可抚琴歌舞，可吟诗作画，可观月赏花，可论经对弈，可独对山水，亦可以翠娥捧瓯，可潜心读《易》，亦可置酒助兴。儒生可"怡情悦性"，羽士可"怡情养生"，僧人可"怡然自得"。中国茶道的这种怡悦性，使得它有极广泛的群众基础，这种怡悦性也正是中国茶道区别于强调"清寂"的日本茶道的根本标志之一。

中国茶道是修身养性，追寻自我之道。静是中国茶道修习的必由途径。如何从小小的茶壶中去体悟宇宙的奥秘？如何从淡淡的茶汤中去品位人生？如何在茶事活动中明心见性？如何通过茶道的修习来澡雪精神，锻炼人格，超越自我？答案只有一个——静。

老子说："至虚极，守静笃，万物并作，吾以观其复。夫物芸芸，各复归其根。归根曰静，静曰复命。"庄子说："水静则明烛须眉，平中准，大匠取法焉。水静伏明，而况精神。圣人之心，静，天地之鉴也，万物之镜。"老子和庄子所启示的"虚静观复法"是人们明心见性，洞察自然，反观自我，体悟道德的无上妙法。道家的"虚静观复法"在中国的茶道中演化为"茶须静品"的理论实践。宋徽宗赵佶在《大观茶论》中写道："茶之为物，……冲淡闲洁，韵高致静。"徐祯卿《秋夜试茶》诗云：静院凉生冷烛花，风吹翠竹月光华。闷来无伴倾云液，桐叶闲尝字笋茶。梅妻鹤子的林逋在《尝茶次寄越僧灵皎》的诗中云：

白云南风雨枪新，腻绿长鲜谷雨春。

静试却如湖上雪，对尝兼忆剡中人。

诗中无一静字，但意境却幽极静笃。戴昺的《赏茶》诗：自汲香泉带落花，漫烧石鼎试新茶。绿阴天气闲庭院，卧听黄蜂报晚衙。连黄蜂飞动的声音都清晰可闻，可见虚静至极。"卧听黄蜂报晚衙"真可与王维的"蝉噪林欲静，鸟鸣山更幽"相媲美。苏东坡在《汲江煎茶》诗中写道：活水还须活火烹，自临钓石汲深清。大瓢贮月归春瓮，小勺分江入夜瓶。雪乳已翻煎处脚，松风忽作写时声。枯肠未易禁散碗，卧听山城长短更。生动描写了苏东坡在幽静的月夜临江汲水煎茶品茶的妙趣，堪称描写茶境虚静清幽的千古绝唱。

中国茶道正是通过茶事创造一种宁静的氛围和一个空灵虚静的心境，当茶的清香静静地浸润你的心田和肺腑的每一个角落的时候，你的心灵便在虚静中显得空明，你的精神便在虚静升华净化，你将在虚静中与大自然融含玄会，达到"天人合一"的"天乐"境界。得一静字，便可洞察万物、道通天地、思如风云，心中常乐，且可成为男儿中之豪情。道家主静，儒家主静，佛教更主静。我们常说："禅茶一味"。在茶道中以静为本，以静为美的诗句还很多，唐代皇甫曾的《陆鸿渐采茶相遇》云：千峰待逋客，香茗复丛生。采摘知深处，烟霞羡独行。幽期山寺远，野饭石泉清。寂寂燃灯夜，相思一盘声。这首诗写的是境之静。宋代杜小山有诗云：寒夜客来茶当酒，竹炉汤沸火初红。寻常一样窗前月，才有梅花便不同。写的是夜之静。清代郑板桥诗云：不风不雨正清和，翠竹亭亭好节柯。最爱晚凉佳客至，一壶新茗泡松萝。写的是心之静。

中国茶道与佛教

佛教于公元前6—前5世纪间创立于古印度,在两汉之际传入中国,经魏晋南北朝的传播与发展,到隋唐时达到鼎盛时期。而茶是兴于唐、盛于宋。创立中国茶道的茶圣陆羽,自幼曾被智积禅师收养,在竟陵龙盖寺学文识字、习颂佛经,其后又与唐代诗僧皎燃和尚结为"生相知,死相随"的缁素忘年之交。在陆羽的《自传》和《茶经》中都有对佛教的颂扬及对僧人嗜茶的记载。可以说,中国茶道从一开始萌芽,就与佛教有千丝万缕的联系,其中僧俗两方面都津津乐道,并广为人知的便是——禅茶一味。

"禅茶一味"的思想基础

茶与佛教的最初关系是茶为僧人提供了无可替代的饮料,而僧人与寺院促进了茶叶生产的发展和制茶技术的进步,进而,在茶事实践中,茶道与佛教之间找到了越来越多的思想内涵方面的共通之处。

其一曰"苦"

佛理博大无限,但以"四谛"为总纲。

释迦牟尼成道后,第一次在鹿野苑说法时,谈的就是"四谛"之理。而"苦、集、灭、道"四第以苦为首。人生有多少苦呢?佛以为，有生苦、老苦、病苦、死苦、怨憎会苦、爱别离苦、求不得苦等等，总而言之，凡是构成人类存在的所有物质以及人类生存过程中精神因素都可以给人带来"苦恼"，佛法求的是"苦海无边，回头是岸"。参禅即是要看破生死观、达到大彻大悟，求得对"苦"的解脱。茶性也苦。李时珍在《本草纲目》中载："茶苦而寒，阴中之阴，最能降火，火为百病，火情则上清矣"从茶的苦后回甘，苦中有甘的特性，佛家可以产生多种联想，帮助修习佛法的人在品茗时，品味人生，参破"苦谛"。

其二曰"静"

茶道讲究"和静怡真"，把"静"作为达到心斋座忘，涤除玄鉴、澄怀味道的必由之路。佛教也主静。佛教坐禅时的无调（调心、调身、调食、调息、调睡眠）以及佛学中的"戒、定、慧"三学也都是以静为基础。佛教禅宗便是从"静"中创出来的。可以说，静坐静虑是历代禅师们参悟佛理的重要课程。在静坐静虑中，人难免疲劳发困，这时候，能提神益思克服睡意的只有茶，茶便成了禅者最好的"朋友"。

其三曰"凡"

日本茶道宗师千利休曾说过："须知道茶之本不过是烧水点茶"此话一语中的。茶道的本质确实是从微不足道的日常生活琐碎的平凡生活中去感悟宇宙的奥秘和人生的哲理。禅也是要求人们通过静虑，从平凡的小事中去契悟大道。

其四曰"放"

人的苦恼，归根结底是因为"放不下"，所以，佛教修行特别强调"放下"。近代高僧虚云法师说："修行须放下一切方能入道，否则徒劳无益。"放下一切是放什么呢？内六根，外六尘，中六识，这十八界都要放下，总之，身心世界都要放下。放下了一切，人自然轻松无比，看世界天蓝海碧，山清水秀，日丽风和，月明星朗。品茶也强调"放"，放下手头工作，偷得浮生半日闲，放松一下自己紧绷的神经，放松一下自己被囚禁的行性。演仁居士有诗最妙：放下亦放下，何处来牵挂？作个无事人，笑谈星月大，愿大家都作个放得下，无牵挂的品茶人。

佛教对茶道发展的贡献

自古以来僧人多爱茶、嗜茶，并以茶为修身静虑之侣。为了满足僧众的日常饮用和待客之需，寺庙多有自己的茶园，同时，在古代也只有寺庙最有条件研究并发展制茶技术和茶文化。我国有"自古名寺出名茶"的说法。唐代《国史补》记载，福州"方山露芽"，剑南"蒙顶石花"，岳州"悒湖含膏"、洪州"西山白露"等名茶均出产于寺庙。僧人对茶的需要从客观上推动了茶叶生产的发展，为茶道提供了物质基础。

此外，佛教对茶道发展的贡献主要有三个方面：

1. 高僧们写茶诗、吟茶词、作茶画，或与文人唱和茶事，丰富了茶文化的内容。

2. 佛教为茶道提供了"梵我一如"的哲学思想及"戒、定、慧"三学的修习理念,深化了茶道的思想内涵,使茶道更有神韵。特别是"梵我一如"的世界观于道教的"天人合一"的哲学思想相辅相成,形成了中国茶道美学对"物我玄会"境界的追求。

3. 佛门的茶事活动为茶道的发展的表现形式提供了参考。郑板桥有一副对联写得很妙:"从来名士能萍水,自古高僧爱斗茶。"佛门寺院持续不断的茶事活动,对提高茗饮技法,规范茗饮礼仪等都广有帮助。在南宋宗开禧年间,经常举行上千人大型茶宴,并把四秒钟的饮茶规范纳入了《百丈清规》,近代有的学者认为《百丈清规》是佛教茶仪与儒家茶道相结合的标志。

茶禅一味的寺院茶道

寺院茶道的兴起,最初起源于僧人们的坐禅。僧人们坐禅时晚上不吃斋,又需要清醒的头脑、集中精力,所以饮茶对他们来说是最好的办法。佛教的发源地是印度,而茶道的发源地是中国。当佛教传入中国后,在寺院中还未有饮茶之风。

饮茶最初为药用,是民间的产物,而后经陆羽对其进行多年的观察和研究,总结出一套科学的种茶、采茶、煮茶、品茶的方法,并赋予茶艺一种深刻的文化内涵,才形成最初的茶道。也许因为陆羽曾是僧人,后来交往中的好友也有许多僧人,如曾收养过陆羽的智积禅师,还有陆羽最交心的朋友诗僧皎然(他们在陆羽对茶道的研究上都给予了很多的帮助),陆羽的茶道逐渐传入寺院。反过来,

第四章
茶与宗教（下）

由于寺院特殊的生活习惯，陆羽的茶道也渐渐被许多僧人所接受。唐人封演所著《封氏见闻记》说："茶，早采者为茶，晚采者为茗。《本草》云：'止渴，令人少眠。'南人好饮茶，北人初不多饮。开元中，泰山灵岩寺有降魔师，大兴禅教。学禅，务于不寐，又不夕食，皆许其饮茶，人自怀挟，到处煮饮。从此转相仿效，遂成风俗。自邹、齐、沧、隶、浙至京邑城市，多开店铺，煎茶卖之，不问道俗，投钱取饮。其茶自江淮而来，舟车相继，所在山积，色额甚多。楚人陆鸿渐为茶论。说茶之功效、并煎茶、炙茶之法。造茶具二十四事，以都统笼贮之，远近倾慕，好事者家藏一幅。

有常伯熊者，又因陆鸿渐之论，广润色之，于是茶道大行。王公朝士无不饮者。"可见，自寺院茶道兴起之后，饮茶之风从南方传到北方，沿街都是茶馆。无论民间百姓，还是王公贵族都好饮茶。

饮茶对于僧人，即可提神，又可领悟佛性。茶的俭朴，让人矜守俭德，不去贪图享乐；茶道的专注，让人的精神与大自然融为一体；茶水的清香，让人尤如喝进了大自然的精华，换来脑清意爽，生出缕缕佛国美景。这就是通常人们所说的"茶禅一味"。

寺院茶道也称寺院茶礼，有一套很严格的程序。寺院专设"茶堂"、"茶寮"作为以茶礼宾的礼物，专门配备"茶头"，施茶僧职位，用以接待、礼敬宾客。寺院大量用茶以供养三宝（佛、法、僧），并以茶招待香客。寺院在职事变更上，都要举行饮茶仪式，且有一定的规则程序。寺院茶礼有极为周祥的规定：有安排茶事的专职人员、茶事的固定程序、严格的等级、不同的规模运用于不同的场合。茶礼构成佛教文化重要的组成部分。

　　名刹出名茶，自古有之。名刹多位于名山，名山多在深山云雾之中，即有野生之茶树，也宜于一般茶树的种植，如武夷岩茶就极负盛名。许多寺院都自种自饮，还可用来招待香客，为之解除疲乏。庐山东林寺名僧慧远，就曾以自种之茶招待陶渊明，吟诗饮茶，叙事谈经，终日不倦。

第五章　茶与养生

电脑族每天应喝的4种茶

长时间面对电脑不利于眼睛的健康。有关专家建议：每天喝"四杯茶"，不仅可以减少辐射的侵害，还有益于保护眼睛。

上午喝一杯绿茶　绿茶中含强效的抗氧化剂以及维生素C，不但可以清除体内的自由基，还能分泌出对抗紧张压力的激素。绿茶中所含的少量咖啡因可以刺激中枢神经，提振精神。不过最好在白天饮用，以免影响睡眠。

下午喝一杯菊花茶　菊花有明目清肝的作用，不少人将菊花和枸杞一起泡水来喝，或是用蜂蜜加菊花茶，都对"解郁"有帮助。

疲劳时喝一杯枸杞茶　枸杞含有丰富的β胡萝卜素，维生素B_1、维生素C、钙、铁，具有补肝、益肾、明目的作用。枸杞本身具有甜味，可以泡茶也可以像葡萄干一样做零食，对消除"电脑族"眼睛干涩、疲劳有一定的作用。

晚间喝一杯决明茶　决明子有清热、明目、补脑髓、镇肝气、益筋骨的作用，晚餐后饮用，对于治疗便秘很有效果。

常喝铁观音　养生在身边

著名营养学家于若木说:"能调节人体新陈代谢的许多有益成分,茶叶中多数具备。对于茶抗癌、防衰老以及提高人体生理活性的机理也都基本研究清楚。所以,茶是大自然赐予人类的最佳饮料。"鲁迅先生说过:"有好茶喝,会喝好茶,是一种清福。"

铁观音不仅香高味醇,是天然可口佳饮,而且养生保健功能在茶叶中也属佼佼者。现代医学研究表明,铁观音除具有一般茶叶的保健功能外,还具有抗衰老、抗癌症、抗动脉硬化、防止糖尿病、减肥健美、防止龋齿、清热降火、敌烟醒酒等功效。

近几年来,经国内外科学家研究证实,尤其是日本科学家研究证实,铁观音中的化学成分和矿物元素对人体健康有着特殊的功能,大致有以下几个方面。

铁观音的抗衰老作用

中外一些科学研究表明,人的衰老与体内不饱和脂肪酸的过度氧化作用有关,而不饱和脂肪酸的过度氧化是与自由基的作用有关。化学活性高的自由基可使不饱和脂肪酸过度氧化,使细胞功能突变或衰退,引起组织增殖和坏死而产生置人于死地的疾病。脂质过度氧化是人体健康的恶魔,但罪魁祸首却是自由基,只要把自由基清除掉,就可以使细胞获得正常的生长发育而健康长寿。

通常，常用的抗氧化剂有维生素C、维生素E，它们均能有效地防止不饱和脂肪酸的过度氧化。而最近日本研究人员表明，铁观音中的多酚类化合物能防止过度氧化；嘌呤生物碱，可间接起到清除自由基的作用，从而达到延缓衰老的目的。

铁观音的抗癌症作用

癌症是当今严重威胁人们健康的"不治之症"。因此，近年来研究茶叶抗癌引起了人们的极大兴趣和关注。数年前，曾有一篇报道称，上海市民因饮茶使食道癌逐年减少，由此饮茶可以预防癌症的发生这一事实在全世界引起很大反响。如今饮茶可以防癌抗癌已被世人所公认，而在茶叶中防癌抗癌效果最好的是铁观音。

早在1983年，日本冈山大学奥田拓男教授就曾对数十种植物多酚类化合物进行抗癌变作用筛选，结果证明：儿茶素（EGCG）具有很强的抗癌变活性。其他科学家在证实铁观音抗变异的研究中，认为铁观音茶多酚是这一作用的主要活性成分；在化学物质致癌的研究中，肯定了铁观音茶多酚的防止癌变作用。此外，铁观音中的维生素C和维生素E能阻断致癌物——亚硝胺的合成，对防止癌症有较大的作用。

铁观音的抗动脉硬化作用

1999年5月31日，在日本东京召开的第四次乌龙茶与健康研讨会上，福建省中医药研究院陈玲副院长报告了他们曾以25名高血脂症肥胖者为临床观察对象，探讨饮用乌龙茶铁观音对抑制血中低密度脂蛋白的氧化及改善血中脂质代谢的作用。研究证明，铁观音中的茶多酚类化合物和维生素类可以抑制血中低密度脂蛋白的氧化。日本三井农林研究所原征彦博士，在多年的研究中也确认，茶多酚类化合物不仅可以降低血液中的胆固醇，而且可以明显改善血液中高密度脂蛋白与低密度脂蛋白的比值。咖啡碱能舒张血管，加快呼吸，降低血脂，对防治冠心病、高血压、动脉硬化等心脑血管疾病有一定的作用。

据福建医科大学冠心病防治研究小组1974年在福建安溪茶乡对1080个农民进行调查时发现不喝铁观音茶的发病率为3.1%；偶尔喝的为2.3%；常年喝的（3年以上）为1.4%。由此可见，常喝铁观音的人比不喝铁观音的冠心病发病率低。

铁观音的防止糖尿病作用

糖尿病是一种世界性疾病。目前，全世界约有2亿人患糖尿病，中国有三千多万人患糖尿病。糖尿病是一种以糖代谢紊乱为主的全身慢性进行性疾病。典型的临床表现为"三多一少"，即多饮、多尿、多食及消瘦，全身软弱无力。此病中医称"消渴症"，属下焦湿热范畴。得病的主要原因是体内缺乏多酚类物质，如维生素B_1、泛酸、磷酸、水杨酸甲酯等成分，使糖代谢发生障碍，体内血糖量剧增，代谢作用减弱。

日本医学博士小川吾七郎等人临床实验证实，经常饮茶可以及时补充人体中维生素B_1、泛酸、磷酸、水杨酸甲酯和多酚类，能防止糖尿病的发生。对于中度和轻度糖尿病患者能使血糖、尿糖减到很少,或完全正常;对于严重糖尿病患者,能使血糖、尿糖降低,各种主要症状减轻。

铁观音的减肥健美作用

肥胖症是一种伴随人们生活水平不断提高而出现的营养失调性病症,它是由于营养摄取过多或是体内贮存的能量利用不够而引起的。肥胖症不仅给人们日常生活中带来诸多不便,而且也是引发心血管疾病、糖尿病的一个原因。

1996年,福建省中医药研究院对102个患有单纯性肥胖的成年男女,进行了饮用铁观音减肥作用的研究。研究表明,铁观音中含有大量的茶多酚物质,不仅可提高脂肪分解酶的作用,而且可促进组织的中性脂肪酶的代谢活动。因而饮用铁观音能改善肥胖者的体型,有效减少肥胖者的皮下脂肪和腰围,从而减轻其体重。

铁观音的防治龋齿作用

人们一般认为危害人的牙齿有两大疾病,一是龋齿,二是牙周炎。龋齿俗称蛀牙,是牙科常见的多发病。龋齿发生的原因很多,其中有一个重要原因是:牙齿钙化较差,质地不够坚硬,容易受到破坏。饮茶可以保护牙齿,在我国古代早已应用。宋代的苏东坡在《茶说》中云:"浓茶漱口,既去烦腻,且能坚齿、消蠹。"现代科学分析,铁观音中含有较丰富的氟,而一般食物中含氟量很少。铁观音中的氟化物约有40%~80%溶解于开水,极易与牙齿中的钙质相结合,在牙齿表面形成一层氟化钙,起到防酸抗龋的作用。

日本曾在两个相邻的村庄对入学儿童的龋齿率做过调查,结果表明,饮用铁观音对防治龋齿有良好的效果。每个入学儿童每天喝一杯铁观音,按含氟量0.4毫克计算,持续一年,原患龋齿的儿童中就有一半痊愈。日本统计了100所小学中患有龋齿的在校学生,经改饮铁观音后,其中有55%患龋齿的学生病情明显减轻。由此可见,饮用铁观音对未得龋齿的人有预防作用,对已得龋齿的人有治疗作用。

铁观音的杀菌止痢作用

在安溪民间早有采用铁观音治疗痢疾和肚子痛的做法。我国古代医学书籍中也有不少利用茶叶来治疗细菌性痢疾、赤痢、白痢、急性肠炎、急性胃炎的记载。铁观音为什么能起到杀菌止痢作用呢?主要是茶多酚化合物。由于茶多酚进入胃肠道后,能使肠道的紧张功能松弛,缓和肠道运动;同时,又能使肠道蛋白质凝固,因为细菌的本身是由蛋白质构成的,茶多酚与细菌蛋白质相遇后,细菌即行死亡,起到了保护肠胃黏膜的作用,所以有治疗肠炎的功效。

铁观音的清热降火作用

茶叶是防暑降温的好饮料。李时珍《本草纲目》载:"茶苦味寒,……最能降火,火为百病,火降则上清矣。……温饮则火因寒气而下降,热饮则借火气而升散。"在盛夏三伏天,酷日当空,暑气逼人的时候,饮上一杯清凉铁观音或是一杯热铁观音,都会感到身心凉爽,生津解暑。这是因为茶汤中含有茶多酚类、糖类、氨基酸、果胶、维生素等与口腔中的唾液起了化学反应,滋润口腔,所以能起到生津止渴的作用。同时,由于铁观音中的咖啡碱作用,促使大量的能量从人体的皮肤毛孔里散出。据报道,喝一杯热茶,通过人体的皮肤毛孔出汗散发的热量,相当于这杯茶的 50 倍,故能使人感到凉爽解暑。

铁观音的提神益思作用

饮茶可以提神益思几乎人人皆知。我国历代医书记载颇多,历代文人墨客、高僧也无不挥动生花妙笔,颂茶之提神益思之功。白居易《赠东邻王十三》诗曰:"携手池边月,开襟竹下风。驱愁知酒力,破睡见茶功。"诗中明白地提到了茶叶提神破睡之功。苏东坡诗曰:"建茶三十片,不审味如何,奉赠包居士,僧房战睡魔。"他说把建茶送给包居士,让其饮了在参禅时可免打瞌睡。饮茶可以益思,故受到人们的喜爱,尤其为一些作家、诗人及其它脑力劳动者所深爱。如法国的大文豪巴尔扎克、美籍华人女作家韩素音和我国著名作家姚雪垠等都酷爱饮茶,以助文思。

铁观音可提神益思,其功能主要在于茶叶中的咖啡碱。咖啡碱具有兴奋中枢神经、增进思维、提高效率的功能。因此,饮茶后能破睡、提神、去烦、解除疲倦、清醒头脑、增进思维,能显着地提高口头答辩能力及数学思维的反应。同时，由于铁观音中含有多酚类等化合物，抵消了纯咖啡碱对人体产生的不良影响。这也是饮茶历史源远流长、长盛不衰、不断发展的重要原因之一。

铁观音的醒酒敌烟作用

茶能醒酒敌烟，这也是众所周知的事实。明代理学家王阳明的"正如酣醉后，醒酒却须茶"之名句，说明我国人民早就认识到饮茶解酒的功效。古人常常"以酒浇愁"，"以茶醒酒"。唐朝诗人刘禹锡，有一天喝醉了酒，想起了白居易有"六班茶"可以解酒，便差人送物换茶醒酒，被后人传为茶事佳话。酒的成分主要是酒精，一杯酒中含有10%~70%的酒精。而铁观音茶多酚能和乙醇（酒中主要成分）相互抵消，故饮茶能解酒。

铁观音不仅能醒酒，而且能敌烟。由于铁观音中含有一种酚酸类物质，能使烟草中的尼古丁沉淀，排出体外。同时，铁观音中的咖啡碱能提高肝脏对药物的代谢能力，促进血液循环，把人体血液中的尼古丁从小便排泄出去，减轻和消除尼古丁带来的不良反应。当然，这种作用不仅仅是咖啡碱的单一功效，而是与茶多酚、维生素C等多种成分协同配合的结果。

一杯清茶，一段人生，一丝回味！喝茶，可以休闲，更可会友，对坐倾谈，更多品味、更多回味！

明目清肝的菊花茶

菊花茶：有明目清肝的作用，有些人就干脆菊花加上枸杞一起泡来喝，或是用蜂蜜菊花茶都对疏肝解郁很有帮助。决名子茶：决名子有清热、明目、补脑髓、镇肝气、益筋骨的作用，若有便秘的人还可以在晚餐饭后饮用，对于治疗便秘很有效果。杜仲茶：杜仲具有补血与强壮筋骨的作用，对于经常久坐，腰酸背痛很有帮助

菊花茶的作用：对眼睛的保健

菊花对治疗眼睛疲劳、视力模糊有很好的疗效，国人自古就知道菊花有保护眼睛的作用。除了涂抹眼睛可消除浮肿之外，平常就可以泡一杯菊花茶来喝，能使眼睛疲劳的症状消退，如果每天喝三到四杯的菊花茶，对恢复视力也有帮助。

菊花的种类很多，不懂门道的人会选择花朵白皙且大朵的菊花。其实又小又丑且颜色泛黄的菊花反而是上选。菊花茶其实是不加其它茶叶，只将干燥后的菊花泡水或煮来喝就可以，冬天热饮、夏天冰饮都是很好的饮料。

另外如果早上起来眼睛浮肿，还有一法：用棉花沾上菊花茶的茶汁，涂在眼睛四周，很快就能消除这种浮肿现象。

菊花茶的不良反应

而菊花茶是一种比较清香的茶饮，它的妙处就是在于，当你的

眼睛很累的时候，用菊花茶的热气熏眼部，1分钟，眼睛马上感觉到很舒服，大家不妨试一试。人们使用电脑越来越广泛，电脑虽然给人们的工作、学习和生活带来方便，但是使用电脑的室内环境正负离子失去平衡，对人体的健康有一定不良刺激，会引起自律神经失调、忧郁症。

不过，专业中医师告诫读者，不同体质应选择不同的凉茶，随便乱喝不仅不能达到保健作用，有时反而会引起不良反应。上火，须辨明虚实夏枯草、菊花茶等有清热去火、清肝明目之效，对于这两种火旺都有对症灭火的作用。但须注意，由于性偏苦寒，体虚之人不宜多喝。

湿热肝病患者可饮适量绿茶

《本草纲目》记载"茶饮之使人益思，少卧，轻身，明目"，"利小便，去疾热"。

肝病热重或湿热并重以热为主者，可用茶除烦止渴，解腻清神。

肝病口渴思饮者早晨泡绿茶（或花茶）1杯，陆续加水饮用。晨起茶水浓度较高，使人精神清爽，下午渐成白水，以避免引起晚间失眠及多尿等。

饮茶时应注意适时、适量。一般在饭前1小时内应暂停饮茶，因为此间饮茶冲稀胃酸，减弱对正餐的消化吸收。空腹时茶宜少饮，茶水不要太浓，全日茶水总量不宜超过1000~1500毫升。每餐饭后用温水漱口，有利于保持口腔清洁，保护牙齿，还可预防或减少牙周炎和口腔溃疡的发生。

实验证明，绿茶有抗凝、防止血小板粘附聚集和减轻白细胞下降等活血化瘀作用。对慢性肝炎有五心烦热、口干口苦、牙龈红肿出血的血瘀血热型患者，绿茶有辅助治疗作用。

第六章 茶事典故

古今茶事

扬雄与一杯纯粹的清茶

在汉赋写作上可与司马相如并称为"扬马"的扬雄被陆羽列入了《茶经》人物。有关他在茶方面最主要的事迹,就是他编写了一本叫《方言》的书,书中有这样的记述:"蜀西南人谓荼曰蔎。"虽然只有短短的8个字,但是它的意义却是相当深远的。

不过,既然我们是要说《茶经》人物,还是把上面的这些放一放,先来说说扬雄其人吧。

扬雄和司马相如是同乡,并深深仰慕他,连作赋的文风也是从他那里模仿来的,他说:"蜀有司马相如,作赋甚宏丽温雅,雄心壮之,每作赋,常拟之以为式。"

司马相如是潇洒的,官做得不爽就回家,因为他老婆的娘家有钱,物质基础比较雄厚,精神追求自然就会成为生活的主要方面。

第六章
茶事典故

而扬雄就没这么好的运气了。虽然在官场上始终不得意,却还得硬着头皮做下去,原因在他的自序中写得很清楚:"家产不过十金,乏无儋石之储"。一个生活在贫困线上的人,没有一份稳定而且丰厚的收入显然是潇洒不起来的。

不过,据《汉书·扬雄传》载,扬雄虽家境贫寒,却是王侯之后,为周王族支庶,亦为姬姓。扬雄先祖这一支居住在晋之扬,因此以扬为氏,经过种种变故,迁居入蜀,日益没落,人丁凋敝,"五世而传一子,故雄无它扬于蜀"。

"扬雄少时好学,博览无所不见。为人简易佚荡,口吃不能剧谈,默而好深湛之思,清静亡为,少者欲,不汲汲于富贵,不戚戚于贫贱,不修廉隅以徼名当世。"后来经过同乡杨庄的推荐,扬雄受到成帝的召见,并拜为黄门侍郎,也就是进入了官僚"预科班"。然而,在这个"预科班"里,他却几乎成了个毕不了业的留级生,除了在王莽处做过一次官,做过十年中散大夫外,20 年间未徙官!而皇帝召他的主要目的,也只不过是看中了他的文采,要他应命制作,就像徘优弄臣一样,讨个欢心罢了。好在他自己也没有做官的意思,只希望领一份稳定的工资,以解温饱问题。于是,皇帝下令永不夺俸,让他终身享受政府津贴,还特许在国家档案馆(石室金柜)看书。正是有了这些条件,他才能够创作出可与司马相如比肩的汉赋,同时模拟《易经》作出《太玄》,模拟《论语》作出《法言》等,以及编写出了我们在上面提到的《方言》,成为既是文学家、语言学家又是思想家的一代大儒。

再回过头来说《方言》吧。《方言》全称是《輶轩使者绝代语释别国方言》，它是一部记录当时全国范围内各地语言资料的工具书，有点类似于《尔雅》，是记录当时语言文字的经典资料。扬雄在《答刘歆书》中说："雄少不师章句，亦于五经之训所不解。常闻先代輶轩之使，奏籍之书，皆藏于周秦之室。及其破也，遗弃无见之者。独蜀人有严君平、临邛林闾翁孺者，深好训诂，犹见輶轩之使所奏言。翁孺与雄外家牵连之亲，又君平过误，有以私遇少而与雄也。君平财有千余言耳，而孺翁梗概之法略有。"其中的"輶轩之使"是指调查全国各地方言、习俗、民谣的官吏，周秦时代的每年8月，中央王朝都派出乘坐车輶车（一种轻便的车子）的使者到全国各地调查方言、习俗、民歌民谣，"以使考八方之风雅，通九州岛之异同，主海内之音韵，使人主居高堂知天下风俗也。"周秦既亡，輶轩之书散在民间。中土"遗弃无见之者"，但在边远的巴蜀还略存梗概，严君平有数千言，林闾翁孺则其书略备。"扬雄闻而师之"。在被应召来到首都后，扬雄又坚持数十年亲自访求各地方言俗语，加以整理，编成了《方言》。这里面提到"蜀西南人谓荼曰蔎"，可见，茶的传播范围在当时已经相当广泛了，至少在中土王公贵族中并不少见了，否则也无法用一个"茶"去解释蜀西南人的蔎了。

在政治斗争复杂多变的西汉末年，扬雄有意识地回避政治，潜心学术，这样的做法倒很有道家的风范，不过，更准确地说，扬雄的思想并不属于道家体系，而是标准的儒家。道家清静无为，求仙不死，扬雄说，长生"非人力所及"，求仙亦无益，"吾闻伏羲神农没，黄帝尧舜殂落而死，文王毕，孔子鲁城之北，独子爱其死乎？非人力所及也。仙亦无益子之汇矣！"（《君子》）他说圣人的注意力在求知，不默念生死："圣人之于天下，耻一物之不知；仙人之于天下，耻一日之不生。曰：生乎生乎，名生而实死也。"即使仙人能长生，但无所事事，虽生犹死。于是他明确地宣布："有生必有死，有始必有终，自然之道也。"

因此，如果站在扬雄的思想角度去看，茶可以是延年益寿、益智健脑的秘方，却不是能让人羽化成仙，甚至长生不老的良药。茶的功能也是在"仁义礼智信"上，或者说在"德"上，是实实在在的，并不玄虚。综观扬雄一生，他自己无疑正是这样一杯不加任何调料，纯粹的清茶。

"碧螺春"源于美丽的爱情传说

传说在很早以前，西洞庭山上住着一个名叫碧螺的美丽姑娘。姑娘有一副清亮圆润的嗓子，十分喜爱唱歌。她的歌声像甘泉，给大家带来欢乐，大家十分喜爱她。与西洞庭山隔水相望的东洞庭山有一个叫阿祥的小伙子。阿祥在打渔路过西洞庭山时，常常听见碧螺姑娘那优美动人的歌声，也常常看见她在湖边结网的情形，心里深深地爱上了她。

这时，太湖中出现了一条恶龙，它看中了碧螺的美貌，要碧螺姑娘作他的妻子，如果不答应，它就要行凶作恶，让太湖人民不得安宁。阿祥下决心要杀死恶龙。他手持鱼叉，潜到湖底，和恶龙展开了激烈的搏斗，最后，阿祥杀死了恶龙，但自己也因流血过多昏过去了。

乡亲们把为民除害的阿祥抬回家后，阿祥的病情一天天恶化，碧螺姑娘十分伤心。为了救活阿祥，她踏遍洞庭，到处寻找草药。有一天，碧螺发现一棵小茶树长得特别好。早春寒冷时节，小树却长出了许多芽苞。她十分爱惜这棵小茶树，每天给小树浇水，不让小树受冻。清明过后不几天，小树伸开了第一片嫩叶。这时阿祥已水米不进，危在旦夕。姑娘流着泪来到茶树旁边，看到嫩绿的茶叶，祈祷着：茶叶啊茶叶，我为你付出了那么多心血，你救活我的阿祥哥吧，如果能救活阿祥，我愿意献出自己的生命！姑娘采下几片嫩芽，泡在开水里送到阿祥嘴边。一股醇正而清爽的香气，一直沁入阿祥的心脾，本来水米不进的阿祥顿觉精神一振，一口气把茶喝光，紧接着就伸伸腿伸伸手，恢复了元气。姑娘一见阿祥好了，高兴异常，她把小茶树上的叶子全采了下来，用一张薄纸裹着放在自己胸前，让体内的热气将嫩茶叶暖干。然后拿出来在手中轻轻搓揉，泡茶给阿祥喝。阿祥喝了这茶水后，居然完全恢复了健康。

可是，碧螺姑娘却一天天憔悴下去了。原来，姑娘的元气全凝聚在嫩叶上了。嫩叶被阿祥泡茶喝后，姑娘的元气却再也不能恢复了。姑娘带着幸福的微笑死去了，阿祥悲痛欲绝，他把姑娘葬在洞庭山顶上。从此，这儿的茶树总是比别的地方的茶树长得好。为了纪念这位美丽善良的姑娘，乡亲们便把这种名贵的茶叶，取名为"碧螺春"。

明太祖斩婿

明代之初，朱元璋非常重视茶马之法。为了有更多的战马保卫

第六章 茶事典故

边疆，在洪武四年（1371年）明朝政府确定了以陕西、四川茶叶来与少数民族进行马匹交易。并且，特别在寿州、洮州、河州、雅州等地设立了茶马司，专门管理这种贸易，为了垄断茶马交易，朝廷发出通告。禁止茶叶走私。但是，由于马贱茶贵，不少商人看到以茶易马的利润很丰厚，于是不顾禁令，纷纷贩买私茶，一些边镇守官也利用权力参与走私。这样，使朝廷的茶马互市受到很大冲击，马匹越来越少。

洪武三十年（1397年），明太祖朱元璋下决心，一定要刹住茶叶走私之风，他派遣官员四处巡查，调集军队层层设防。同时，再次宣布，对偷运私茶出境与关隘失察者，都将处于极刑。胆大包天的人，就是朱元璋的乘龙快婿，附马都尉欧阳伦。

欧阳伦是朱元璋女儿安庆公主的夫婿，他自恃皇亲国戚，认为法律不能约束于他。多次派手下人到陕西偷运私茶，然后贩出境外，牟取暴利。那年，欧阳伦瞒着朱元璋，命令陕西布政司发文通告所属各府县，派遣车辆和民工为他前往河州运送私茶。这支贩茶大军一路上浩浩荡荡，不断向茶农小商敲榨勒索，臭名远扬。终于有人一张状纸，层层递到了朝廷之上。

朱元璋正为禁茶之事犯头痛，一闻此事，勃然大怒。他决心要对附马严惩不贷，以肃纲纪。1397年6月，朱元璋下旨，对附马欧阳伦及其一帮爪牙一并赐死。

驸马一杀，贩私茶者惶惶不可终日，炽烈的走私之风也减了许多。

"六安瓜片"与袁世凯

六安瓜片产于六安地区的齐云山。1905年前后,六安州(现六安市)麻埠附近的祝财主与袁世凯是亲戚,祝家常以土特产孝敬袁。袁饮茶成癖,茶叶是不可缺少的礼物,但其时当地所产之大茶、菊花茶、毛尖等,均不能使袁满意。

祝家为取悦于袁,不惜工本,雇佣当地有经验的茶农,炮制新茶。于是,有人专采春茶第一、二片嫩叶,精心炒制,炭火烘焙,制成新茶。结果令袁世凯大加赞赏,很快就成了茶市的明珠。这种茶形如瓜子,俗称"瓜子片",以后叫得顺口,就成了瓜片。

君山银针的传说

湖南省洞庭湖的君山,一千多年前就产银针名茶,茶芽细嫩,满披茸毛,很早就成为全国十大名茶之一。据说君山茶的第一颗种子还是四千多年前娥皇、女英播下的。从五代的时候起,银针就被作为"贡茶",年年向皇帝进贡。

后唐的第二个皇帝明宗李嗣源,第一回上朝的时候,侍臣为他捧杯沏茶,开水向杯里一倒,马上看到一团白雾腾空而起,慢慢地出现了一只白鹤。这只白鹤对明宗点了三下头,便朝蓝天翩翩飞去了。再往杯子里看,杯中的茶叶都齐崭崭地悬空竖了起来,就像一群破土而出的春笋。过了一会,又慢慢下沉,就像是雪花坠落一般。明宗感到很奇怪,就问侍臣是什么原因。侍臣回答说:"这是君山的白鹤泉(即柳毅井)水,泡黄翎毛(即银针茶)的缘故。白鹤点头飞入青天,是表示万岁洪福齐天;翎毛竖起,是表示对万岁的敬仰;黄翎缓坠,是表示对万岁的诚服。"明宗听了,心里十分高兴,立即下旨把君山银针定为贡茶。上述侍臣的一翻话自是讨好皇上,事实上,细嫩的君山银针茶,冲泡时,确有棵棵茶芽竖立悬于杯中,上下沉浮,倒是极为美观的。

茶神陆羽

陆羽,唐玄宗竟陵(湖北天门)人。不知所生,有寺僧收育之。既长,以易自筮,得渐卦曰:"鸿渐于陆,其羽可用为仪。"乃以陆为氏,名而字之。及长聪俊多能,学赡辞逸,诙谐纵辩。诏拜太子文学不就职,隐苕溪,自称桑苎翁,羽嗜茶,始创煎茶法,着经三篇,言茶之原,之法,之具尤备,天下益知饮茶矣。

时鬻茶者,陶为其像,置炀突间,祀为茶神。民间尊之为茶圣。

陆羽字鸿渐,一名疾,字季疵,生于唐玄宗至唐德宗年间(公元733~804年),享年七十一岁,在古时候是很长寿,但是他的一生却很坎坷,刚出生时,便被父母遗弃河边,被龙盖寺的智积禅师收养,在寺中,他不但学得了识字,也学会了烹茶事物。陆羽虽然容貌不佳,说话有点口吃,但是聪颖好学,幽默机智,若东方曼倩之俦。因为是孤儿,无姓无名,有一次,他拿《易经》卜卦,得到一卦辞:鸿渐于陆,其羽可为用仪,意思是说：水鸟到了高平地，它的羽毛可以编成文舞的道具。陆羽看这是一吉卦且和自己的身世相合，很高兴，便以陆为姓，羽为名，以鸿渐为字。

陆羽在寺中受了不少苦，后来不堪忍受，便逃离而去。曾经当过戏子，多扮丑角，显示了他幽默机智的才能。13岁的时候，得到竟陵太守李齐物的赏识，不但赠他诗书，还推荐他到火门山的邹夫子那里学习。19岁时学成下山，常与好友——诗人崔国辅一起出游，品茶鉴水，谈诗论文。陆羽有很高的文学造诣和颜真卿、张志和等一批名士相交甚笃。

朝廷听说陆羽很有学问，就拜他为太子文学，不久又叫他做太常侍太祝但是陆羽不爱做官，根本不去。他曾作诗云："不羡白玉盏，不羡黄金垒，亦不羡朝入省，亦不羡慕入台，千羡万羡西江水，曾向竟陵城下来"。这是陆羽悼念师父智积禅师的诗，也可以看作是他的自况，陆羽对当官毫无兴趣，惟独嗜茶如命，21岁时，他为了研究茶的品种和特性，离开竟陵，游历天下，遍尝各地的名水和名茶，常亲身攀葛附藤，深入产地，采茶制茶，一心扑在研究茶上。上元初，更隐居在苕溪（今浙江吴兴），专心著作。他积多年经验，终于写出了中国第一部，也是世界第一部研究茶的专著《茶经》。全书三卷十篇：（一）茶之源—记茶的生产和特性；（二）茶之具—记采茶的工具；（三）茶之造—记采茶的季节，时刻，晴雨等；（四）茶之器—记茶的加工及其用具；（五）茶之煮—记煮茶的方法；（六）茶之饮—记饮茶的方法；（七）茶之事—记历史方面嗜茶的人事；（八）茶之出—记茶的出产地区；(九) 茶之略——略述从造具始到饮茶止；(十) 茶之图。记述详备，将茶的性状，品质，产地，种植，采制，加工，烹饮方法及用具等，皆尽论及。此书成了开茶书先河，以后的百馀种茶书皆源于此。陆羽的《茶经》，是唐代和唐代以前有关茶叶科学知识和实践经验的系统总结。《茶经》一问世，即为历代人所宝爱，盛赞他为茶叶的开创之功。宋代陈师道为《茶经》作序说："夫茶之着书，自羽始．其用于世，亦自羽始．羽诚有功于茶者也！"

陆羽亦曾隐居在今日的江西上饶市广教寺多年，在他的隐居处筑有山舍——陆鸿渐宅。宅外有茶园数亩，并凿有一泉，水清味甘，被论为"天下第十四泉"——陆羽泉，泉边石圈上"源清流洁"四个篆字是清末知府段大诚所题，至今仍保持完好。陆羽在此以自凿泉井，烹自种之茶而自得其乐。唐代诗人孟郊在《题陆鸿渐上饶新开山舍》一诗中，盛赞陆羽的清雅高洁。

俗话说，开门七件事——柴，米，油，盐，酱，醋，茶，茶和人们的生活密不可分，陆羽对茶的研究为人们的饮食生活做了很大的贡献，所以死后不久，便被人们奉为茶圣，茶神。在湖北天门县城北门外，有一处著名的井泉人称"文学泉"，泉后有一碑亭，内立石碑，正面题"文学泉"背后题"品茶真迹"。碑亭后面有座小庙，是"茶圣"陆羽庙，石壁嵌线刻有陆羽小像，正在端坐品茗，极有风致。在当时，陆羽像大多为陶瓷制品，为茶商和茶肆老板所供奉。

《因话录》载：陆羽性嗜茶，始创煎茶法，至今鬻之家，陶其像置于炀器之间，云宜茶足利。

《唐国史补》载：巩县陶者多为瓷偶人，号陆鸿渐，买数十茶器得一鸿渐，市人沽敬不利，辄灌注之。

《唐书》载：时鬻茶者，至陶羽形，置炀突间，祀为茶神。

《大唐传载》载：陆鸿渐嗜茶撰《茶经》三卷行于代，常见鬻茶邸，烧瓦瓷为其形貌，置于灶釜上左右为茶神，有交易则茶祭之，无则以釜汤沃之。

"茶中之圣"鹿谷冻顶

台湾的冻顶茶，被誉为"台湾茶中之圣"，是闻名遐迩的台湾名产。冻顶茶的由来，据传是由一位叫林凤池的台湾人从福建武夷山引入的。清朝咸丰年间（1855年），林凤池赴福建应试，高中举人。衣锦还乡时从武夷山带回了36棵青心乌龙茶，种植在鹿谷乡的冻顶山上。经过精心培植的茶树，经由麒麟潭特有的山岚雾露滋润，所制之茶清香神怡。林凤池把它进献给道光皇帝，皇帝饮后赞不绝口，冻顶茶的名气便流传了开来。

冻顶是地名，现在的鹿谷乡仍可找到冻顶巷的门牌。麒麟潭边的冻顶山，据说是因为先民贫穷，少有鞋子可穿，每年寒冬都必须"冻着脚尖上山顶"而得名。属于南投县的鹿谷乡，因冻顶茶而闻名，也已成了一个著名的茶乡旅游景区了。

走过鹿谷乡，清新的空气里仿佛就能闻到一股浓浓的香味。沿着乡内各主要道路，处处可见采茶、制茶、泡茶人家，几乎家家户户都置有品茶区，鹿谷人的问候语也是"有空来呷茶！"

恍如是一种朝圣,喜欢旅游和喜欢茶的台湾人便在每一个茶季里,驾车从四面八方来到鹿谷看茶品茶买茶,蓝蓝的天,白白的云下,是开阔的山地里的连片茶园。茶山青青,湖光粼粼,茶园的新绿,湖水的清澈,使人不由自主地去追寻清新的空气里飘浮着的缕缕茶香。

走进一家家鹿谷人家,在露天的茶桌边,一边品饮刚刚出炉的新茶,一边看簇拥着麒麟潭的山水画卷。

"抛开城市的喧嚣,重回山林怀抱"。在鹿谷乡,无论是在被誉为台湾八大风景区之一的麒麟潭景区,还是溪头森林游乐区、凤凰寺、凤凰谷鸟园,那茶山、竹海、古树、瀑布、溪流、湖水,一处处的自然风光令人留连忘返,更有那山寺古庙、碑刻墓道等人文历史名胜,让人叹谓。因了冻顶茶今日的鹿谷乡,已经形成了巨大的休闲游产业基础,那一处处民居和在景点景区铺开的休闲度假酒店,使这个清丽的山乡变成了另一种繁华。

到鹿谷乡访问,那鹿谷乡的茶文化展览馆以及那一处处构成鹿谷乡文化资产的历史建筑(如林凤池故居、刘宅、冻顶苏宅等)是不能不看的。也别忘了拜会鹿谷乡的农会。正是鹿谷乡农会举行一年一度的冻顶茶比赛,比赛茶的优质优价的示范效应,带动了鹿谷乡茶农以及整个台茶精工细制的制茶风气。茶王比赛,已经成了鹿谷乡的重大节日。不仅当地茶农关注,而且吸引了海内外游客蜂拥而至。到鹿谷乡看茶、买茶、已经是台湾茶人的一种期待。

茶人雅韵

东坡提梁壶的传说

在宜兴窑场丁蜀地区，在民间流传最广、最深、最普遍的故事，莫过于"东坡提梁壶"。

传说宋朝大学士苏东坡晚年不得志，弃官来到蜀山，闲居在蜀山脚下的凤凰村上，他喜欢吃茶，对吃茶也很讲究。此地既产素负盛名的"唐贡茶"，又有玉女潭，金沙泉好水，还有"海内争求"的紫砂壶。有了这三样东西，苏东坡吃吃茶、吟吟诗，倒也觉得比在京城做官惬意，但这三者之中苏东坡还感到有一样东西美中不足。什么呢？就是紫砂茶壶都太小，怎么办呢？苏东坡想：我何不按照自己的心意做一把大茶壶？对，自己做茶壶自己用！他叫书僮买来上好的天青泥和几样必要的工具，开始动手了。谁知看似容易做却难，苏东坡一做做了几个月，还是一筹莫展。

一天夜里，小书僮提着灯笼送来夜点心，苏东坡手捧点心，眼睛却朝灯笼直转，心想：哎！我何不照灯笼的样子做一把茶壶？吃过点心，说做就做，一做就做到鸡叫天亮。等到粗壳子做好，毛病就出来了：因为泥坯是烂的，茶壶肩部老往下塌。苏东坡想了个土办法，劈了几根竹片，撑在灯笼壶肚里头，等泥坯变硬一些，再把竹片拿掉。

灯笼壶做好，又大又光滑，不好拿，一定要做个壶把。苏东坡思量：我这把茶壶是要用来煮茶的，如果像别的茶壶那样把壶把装在侧面肚皮上，火一烧，壶把就烧的乌漆墨黑，而且烫手。怎么办？他想了又想，抬头见屋顶的大梁从这一头搭到那一头，两头都有木柱撑牢，灵机一动说："有了！"赶紧动手照屋梁的样子来做茶壶。经过几个月的细作精修，茶壶作成了，苏东坡非常满意，就起了个名字叫"提梁壶"。

因为这种茶壶别具一格，后来就有一些艺人仿造，并把这种式样的茶壶叫做"东坡提梁壶"，或简称"提苏"。

苏东坡煎茶歌中的一句名词"松风竹炉，提壶相呼"，题铭壶上。

乾隆与茶

清代乾隆皇帝弘历，在位当政60年，终年88岁，这一寿龄既使在现在也是高寿的了，而在中国古代的帝王中更是名列第一的。民间流传着很多关于乾隆与茶的故事，涉及到种茶、饮茶、取水、茶名、茶诗等等与茶相关的方方面面。

相传，乾隆皇帝六次南巡到杭州，曾四度到过西湖茶区。他在龙井狮子峰胡公庙前饮龙井茶时，赞赏茶叶香清味醇，遂封庙前十八棵茶树为"御茶"，并派专人看管，年年岁岁采制进贡到宫中，当然茶客就是他本人，"御茶"至今遗址尚存。乾隆十六年，即1752年，他第一次南巡到杭州，在天竺观看了茶叶采制的过程，颇有感受，写了《观采茶作歌》，其中有"地炉微火徐徐添，干釜柔风旋旋炒。慢炒细焙有次第，辛苦功夫殊不少"的诗句。皇帝能够在观察中体知茶农的辛苦与制茶的不易，也算是难能可贵。

乾隆皇帝不是死在任上的，而是"知老让位"的。传说在他决定让出皇位给十五子时（即后来的道光皇帝），一位老臣不无惋惜地劝谏道："国不可一日无君呵！"一生好品茶乾隆帝却端起御案上的一杯茶，说："君不可一日无茶。"这也许是幽默玩笑之语，也许是"我应该退休闲饮"之意，或者是兼而有之。乾隆在茶事中，以帝王之尊，穷奢极欲，倍求精工，什么排场都可以做得到。他首倡在重华宫举行的茶宴，豪华隆重，极为讲究。据徐珂《清稗类钞》记载："乾隆中，元旦后三日，钦点王公大臣之能诗者，宴会于重华宫，演剧赐茶，命仿柏梁体联句，以记其盛，复当席御诗二章，命诸臣和之，岁以为常。"他还规定，凡举行宴会，必须茶在酒前，这对于极为重视先后顺序的国人来说其意义是很大的。

乾隆六十年（1796年，他是在这一年让位的）举行的千叟宴，设宴800桌，被誉为"万古未有之盛法"。与宴者3056人，赋诗三千余首，参宴者肯定都是当时的非一般人，却似乎没有留下什么名章佳句。

品茶鉴水，乾隆独有所好。他品尝洞庭中产的"君山银针"后赞誉不绝，令当地每年进贡18斤。他还赐名福建安溪为"铁观音"，从此安溪茶声名大振，至今不衰。

乾隆晚年退位后仍嗜茶如命，在北海镜清斋内专设"焙茶坞"，悠闲品尝。他在世88年，为中国历代皇帝中之寿魁，其长寿当与之不无关系。当然他身为皇帝，使用的延年益寿之术肯定很多，喝茶是他养生之一法。中国古代的许多防老术效果并不好，一些"丹药"之类更是弊多益少，唯有饮茶可能是惟一能够长年不厌、裨益多多的嗜好。

朱元璋续茶诗

洪武三年，朱元璋带了几个心腹秘密来到灵山寺。和尚们拿出灵山一枪一旗的灵山茶，这茶是朱元璋过去未曾见过，更没曾喝过的。当汝宁府派来的巧厨师精心地用九龙潭中的泉水沏泡好灵山茶送到朱元璋面前时，朱元璋打开茶杯盖，一股沁人肺腑的清香直扑口鼻，未曾入口，便产生了一种飘飘然欲仙之感，一口茶进去，舌尖首先有一种浓郁的醇厚之味。朱元璋虽说当了皇帝，有天下各种贡茶，但此时只觉得哪一种名茶也赶不上灵山茶。一杯茶没喝完便对身边的人说："这杯茶是哪位官员沏泡的，给他连升三级官"。跟随他的一个贴心师爷忙说："那是汝宁府派来的厨师沏泡的"。意思是他不是什么官员，无法升官。朱元璋也听出了那位师爷的意思。但这杯清香甘甜的茶水使他兴奋得无法克制，再次传旨："他是厨师也要升三级官"。那位师爷只好照办。一边嘟哝着发牢骚："十年寒窗苦，何如一盏茶。"朱元璋一听这位师爷的嘟哝，知其因为没有给他这位有才者连升过三级官而有意见，便对他说："你刚才像是吟诗，只吟了前半部分，我来给你续上后半部分：'他才不如你，你命不如他。'"就这样，那位厨师连升了三级官。朱元璋降香后即下旨拨一笔巨款，将灵山寺原来的三层殿修成七层大殿，外带厢房。亲笔写下"圣寿禅寺"横匾，封陈大同为金丘峰禅师任主持僧，赐他半副銮驾到京城免费游览。并命州县要在灵山一带大种茶叶，每年进贡必须是一枪一旗的灵山茶。从那以后灵山周围大种其茶，当地不少山因种茶改为茶山、茶沟、茶坡等。

白居易：融雪煎香茗　春深一碗茶

"汉皇重色思倾国，御宇多年求不得。杨家有女初长成，养在深闺人未识。天生丽质难自弃，一朝选在君王侧。回头一笑百媚生，六宫粉黛无颜色……"这首《长恨歌》是唐代诗人白居易在宪宗元和元年（公元806年）所作，诗中描述了玄宗与贵妃的爱情故事，一千多年来，唐明皇与杨贵妃两人"在天愿作比翼鸟，在地愿为连理枝。天长地久有时尽，此恨绵绵无绝期"的挚爱深情，也因《长恨歌》而在中国人的心中回荡不绝。

元和十年（公元815年）白居易因直言被贬江州司马。次年，某一天他来到浔阳江边，听到江上传来琵琶声，听到商人妇人凄凉的身世，与"同是天涯沦落人"的自己命运相同，遂写下了有名的《琵琶行》。次年，他游庐山香炉峰，见到香炉峰下"云水泉石，绝胜第一，爱不能舍"，于是盖了一座草堂。后来更在香炉峰的遗爱寺附近开辟一圃茶园，"长松树下小溪头，斑鹿胎巾白布裘；药圃茶园为产业，野鹿林鹤是交游。云生涧户衣裳润，岚隐山厨火竹幽；最爱一泉新引得，清冷屈曲绕阶流。"（《香炉峰下新卜山居草堂初成偶题东壁》）悠游山林之间，与野鹿林鹤为伴，品饮清凉山泉，真是人生至乐。

白居易爱茶，每当友人送来新茶，往往令他欣喜不已，《谢李六郎中寄新蜀茶》："故情周匝向交亲，新茗分张及病身。红纸一封书后信，绿芽十片火前春。汤添勺水煎鱼眼，末下刀圭搅曲尘。不寄他人先寄我，应缘我是别茶人。"诗中叙述他在病中收到友人忠州刺史李宣寄来的新茶时的兴奋心情，立即动手勺水煎茶，并从"不寄他人先寄我"句可看出两人之间深厚的情谊。此外从《食后》："食罢一觉睡，起来两瓯茶。"《何处堪避暑》："游罢睡一觉，觉来茶一瓯。"《闲眠》："尽日一餐茶两碗，更无所要到明朝。"（《闲眠》）这些诗中，知道"醒后饮茶"似乎成了白居易的一种生活习惯。

贬江州以来，官途坎坷，心灵困苦，为求精神解脱，他开始接触老庄思想与佛法，并与僧人往来，所谓"禅茶一味"，信佛自然与茶更是离不开的。"或吟诗一章，或饮茶一瓯；身心无一系，浩浩如虚舟。富贵亦有苦，苦在心危忧；贫贱亦有乐，乐在身自由"（《咏意》）。

吟诗品茶，与世无争，忘怀得失，修练出达观超脱、乐天知命的境界。

长庆二年（公元822年）因牛李党争日烈，朝臣相互攻讦，白居易上疏论事，天子不能用，乃求外任，七月除杭州刺史。到杭州之后，白居易修筑西湖白堤，以利蓄水灌溉，又浚深李泌旧凿六井，以便人民汲饮，因此受到杭州百姓的爱戴、感念。而杭州任期，也是他生活最闲适、惬意的时刻，由于公事不忙，遂能"起尝一瓯茗，行读一卷书"独自享受品茗、读书之乐。而"坐酌泠泠水，看煎瑟瑟尘。无由持一碗，寄与爱茶人"诗人更进而欲以好茶分享好友。

后来唐室国祚日衰，乱寇时起，白居易已无意仕途，遂告老辞官。辞官后，隐居洛阳香山寺，每天与香山僧人往来，自号香山居士。"琴里知闻唯渌水，茶中故旧是蒙山，穷通行止长相伴，谁道吾今无往还。""鼻香茶熟后，腰暖日阳中。伴老琴长在，迎春酒不空。"诗人在此暮年之际，茶、酒、老琴依然是与他长相左右的莫逆知己，唐武宗会昌六年（公元846年），诗人与世长辞。

"花非花，雾非雾，夜半来，天明去。来如春梦几多时？去似朝云无觅处。"

王安石验水惊东坡

王安石老年患有痰火之症，虽服药，难以除根。太医院嘱饮阳羡茶，并须用长江瞿塘峡水煎烹。因苏东坡是蜀地人，王安石曾相托于他："倘尊眷往来之便，将瞿塘中峡水携一瓮寄与老夫，则老夫衰老之年，皆子瞻所延也。"不久，苏东坡亲自带水来见王安石。王安石即命人将水瓮抬进书房，亲以衣袖拂拭，纸封打开。又命僮儿茶灶中煨火，用银铫汲水烹之。先取白定碗一只，投阳羡茶一撮于内。等汤如蟹眼，急取倾入碗内。其茶色半晌方见。王安石问：

"此水何处取来？"东坡答："巫峡"王安石道："是中峡了。"东坡回："正是"王安石笑道："又来欺老夫了！此乃下峡之水，如何假名中峡？"东坡大惊，只得据实以告。原来东坡因鉴赏秀丽的三峡风光，船至下峡时，才记起所托之事。当时水流湍急，回溯甚难，又自以为一江之水并无不同，只得汲一瓮下峡之水充之。东坡说："三峡相连，一般样水，老大师何以辨之？"王安石道："读书人不可轻举妄动，须是细心察理。这瞿塘水性，出自《水经补注》。上峡水性太急，下峡太缓，惟中峡缓急相半。太医院官乃明医，知老夫中脘变症，故用中峡水引经。此水烹阳羡茶，上峡味浓、下峡味淡、中峡浓淡之间。今茶色半晌方见，故知是下峡。"东坡离席谢罪。

陆游茶诗续《茶经》

陆游（1125年—1210年），字务观，号放翁，越州山阴（今浙江绍兴）人。他是南宋著名的爱国诗人。

陆游一生嗜茶，恰好又与陆羽同姓，故其同僚周必大赠诗云："今有云孙持使节，好因贡焙祀茶人"，称他是陆羽的"云孙"（第九代孙）。尽管陆游未必是陆羽的后裔，但他却非常崇拜这位同姓茶圣，多次在诗中直抒胸臆，心仪神往，如"桑苎家风君勿笑，他年犹得作茶神"，"《水品》《茶经》常在手，前生疑是竟陵翁"，所谓"桑苎"、"茶神"、"竟陵翁"均为陆羽之号。陆游自言"六十年间万首诗"，其《剑南诗稿》存诗九千三百多首，而其中涉及茶事的诗作有320多首，茶诗之多为历代诗人之冠。

与一般咏赞茶事之作不同的是，陆游多次在诗中提到续写《茶经》的意愿，比如"遥遥桑苎家风在，重补《茶经》又一篇"，"汗青未绝《茶经》笔"等。陆游未有什么《茶经》续篇问世，但细读他的大量茶诗，那意韵分明就是《茶经》的续篇——叙述了天下各种名茶，记载了宋代特有的茶艺，论述了茶的功用，等等。

陆游曾出仕福州，调任镇江，后来又入川赴赣，辗转各地，使他得以有机会遍尝各地名茶，品香味甘之余，便裁剪熔铸入诗。如：

"饭囊酒瓮纷纷是，谁赏蒙山紫笋香"——讲的是人间第一的四川蒙山紫笋茶。

"遥想解醒须底物，隆兴第一壑源春"——这是福建隆兴的"壑源春"。

"焚香细读《斜川集》，候火亲烹顾渚春"——是说浙江长兴顾渚茶。

"嫩白半瓯尝日铸，硬黄一卷学兰亭"——此言绍兴的贡茶日铸茶。

"春残犹看小城花，雪里来尝北苑茶"——说的也是贡茶北苑茶。

"建溪官茶天下绝，香味欲全试小雪"——这说的是另一个贡茶福建建溪茶。

此外，还有许多乡间民俗的茶饮，如：

"峡人住多楚人少，土铛争响茱萸茶"——湖北的茱萸茶。

"何时一饱与子同，更煎土茗浮甘菊"——四川的菊花土茗。

"寒泉自换菖蒲水,活水闲煎橄榄茶"——浙江的橄榄茶。

这些诗作大大丰富了中国历史名茶的记载,且多为《茶经》所不载。

陆游谙熟茶的烹饮之道,常常身体力行,以自己动手为乐事,因此,在他的诗里有许多饮茶之道。

如"囊中日铸传天下,不是名泉不合尝",又如"汲泉煮日铸,舌本方味永",言日铸茶务必烹以名泉,方能香久味永。

"矮纸斜行闲作草,晴窗细乳戏分茶",讲当时的茶艺"分茶"(一种能使茶盏面上的汤纹水脉幻化出各种图案来的冲泡技艺),和分茶时须有的好天气、好心境。

"眼明身健何妨老,饭白茶甘不觉贫",则更是进入了茶道的至深境界:甘茶一杯涤尽人生烦恼。

茶之功效在陆游的诗中也得到多方面的阐述。

"手碾新茶破睡昏","毫盏雪涛驱滞思"——茶有驱滞破睡之功。

"诗情森欲动,茶鼎煎正熟","香浮鼻观煎茶熟,喜动眉间炼句成"——茶助文思。

"遥想解酲须底物,隆兴第一壑源春"——茶解宿酒。

"焚香细读《斜川集》(苏轼之子苏过的文集),候火亲烹顾渚春"——茶宜伴书。

有鉴于此,后人有诗云:"放翁九泉应笑慰,茶诗三百续《茶经》。"

鲁迅喝茶

鲁迅出生于浙江绍兴一个逐渐没落的士大夫家庭。自幼受到过诗书经传的熏陶，他对艺术，文学有很深的爱好。

鲁迅的外婆家住在农村，因而，他有机会与最下层的农民保持着经常的联系，对民情民俗有很深刻的认识。这结他后来的思想发展和文学创作都有一定的影响。

鲁迅爱喝茶，从他的日记中和文章中记述了不少饮茶之事、饮茶之道。他经常与朋友到北京的茶楼去交谈。如："1912年5月26日，下午，同季市、诗荃至观音街青云阁啜茗"；"12月31日，午后同季市至观音街……又共啜茗于青云阁"；"1917年11月18日午，同二弟往观音街食饵，又至青云阁玉壶春饮茗"；"1918年12月22日，刘半农邀饮于东安市场中兴茶楼"；"1924年4月3日，上午至中山公园四宜轩，遇玄同，遂茗谈至晚归"；"5月1日往晨报馆方孙伏园……同往公园啜茗"等等。鲁迅对喝茶与人生有着独特的理解，并且善于借喝茶来剖析社会和人生中的弊病。

鲁迅有一篇名《喝茶》的文章，其中说道："有好茶喝，会喝好茶，是一种'清福'。不过要享这'清福'，首先就须有工夫，其次是练习出来的特别感觉"。

"喝好茶，是要用盖碗的，于是用盖碗，泡了之后，色清百味甘，微香而小苦，确是好茶叶。但这是须在静坐无为的时候的"。

后来，鲁迅把这种品茶的"工夫"和"特别感觉"喻为一种文人墨客的娇气和精神的脆弱，而加以辛辣的嘲讽。

他在文章中这样说:"……由这一极琐屑的经验,我想,假使是一个使用筋力的工人,在喉干欲裂的时候,那么给他龙井芽茶、珠兰窨片,恐怕他喝起来也未必觉得和热水有什么区别罢。所谓'秋思',其实也是这样的,骚人墨客,会觉得什么'悲哉秋之为气也',一方面也就是一种'清福',但在老农,却只知道每年的此际,就是要割稻而已"。

从鲁迅先后的文章中可见"清福"并非人人可以享受,这是因为每个人的命运不一样。同时,鲁迅先生还认为"清福"并非时时可以享受,它也有许多弊端,享受"清福"要有个度,过分的"清福",有不如无:"于是有人以为这种细腻锐敏的感觉,当然不属于粗人,这是上等人的牌号……我们有痛觉……但这痛觉如果细腻锐敏起来呢?则不但衣服上有一根小刺就觉得,连衣服上的接缝、线结、布毛都要觉得,倘不空无缝天衣,他便要终日如芒刺在身,活不下去了"。

"感觉的细腻和锐敏,较之麻木,那当然算是进步的,然而以有助于生命的进化为限,如果不相干甚至于有碍,那就是进化中的病态,不久就要收梢。我们试将享清福,抱秋心的雅人,和破衣粗食的粗人一比较,就明白究竟是谁活得下去。喝过茶,望着秋天,我于是想:不识好茶,没有秋思,倒也罢了"。

鲁迅的《喝茶》,犹如一把解剖刀,剖析着那些无病呻吟的文人们。题为《喝茶》,而其茶却别有一番滋味。鲁迅心目中的茶,是一种追求真实自然的"粗茶淡饭",而决不是斤斤于百般细腻的所谓"工夫"。而这种"茶味",恰恰是茶饮在最高层次的体验:

崇尚自然和质朴。

鲁迅笔下的茶，是一种茶外之茶。

曹雪芹对茶一往情深

在《红楼梦》中，曹雪芹提到的茶的类别和功能很多，有家常茶、敬客茶、伴果茶、品尝茶、药用茶等。

《红楼梦》中出现的名茶很多，其中有杭州西湖的龙井茶，云南的普洱茶及其珍品女儿茶，福建的"凤随"，湖南的君山银针，还有暹罗（泰国的旧称）进贡来的暹罗茶等等。这些反映出清代贡茶在上层社会的使用的广泛性。

曹雪芹的生活，经历了富贵荣华和贫困潦倒，因而有丰富的社会阅历，对茶的习俗也非常了解，在《红楼梦》中有着生动的反映。

如第二十五回，王熙凤给黛玉送去暹罗茶，黛玉吃了直说好，凤姐就乘机打趣："你既吃了我们家的茶，怎么还不给我们家作媳妇？"这里就用了"吃茶"的民俗，"吃茶"表现女子受聘于男家，又称为"茶定"。

第七十八回，宝玉读完《芙蓉女儿诔》后，便焚香酌茗，以茶供来祝祭亡灵，寄托自己的情思。此外，《红楼梦》中还表现了寺庙中的奠晚茶、吃年茶、迎客茶等的风俗。

曹雪芹善于把自己的诗情与茶意相融合，在《红楼梦》中，有不少妙句，如写夏夜的："倦乡佳人幽梦长，金笼鹦鹉唤茶汤"。写秋夜的"静夜不眠因酒渴，沉烟重拨索烹茶"。写冬夜的"却喜侍儿知试茗,扫将新雪及时烹"。

茶在曹雪芹《红楼梦》中的表现,处处显得浓重的人情味,那怕在人生诀别的时刻,茶的形象还是那么的鲜明。晴雯即将在去世之日,她向宝玉索茶喝:"阿弥陀佛,你来得好,且把那茶倒半碗我喝,渴了这半日,叫半个人也叫不着",宝玉将茶递给晴雯,只见晴雯如得了甘露一般,一气都灌了下去。

当八十三岁的贾母即将寿终正寝时,睁着眼要茶喝,而坚决不喝人参汤,当喝了茶后,竟坐了起来。茶,在此时此刻,对临终之人是个最大的安慰。由此也可见曹雪芹对茶的一往情深。

蒲松龄与菊花茶

蒲松龄(1640－1715年),山东淄博人,清代文学家,别号柳泉居士,世称聊斋先生。他的《聊斋志异》通过谈狐说鬼的方式,对当时的社会、政治多所批判。那些狐鬼真的比某些"正人君子更可爱"呢!

蒲松龄久居乡间,知识渊博,对有关农业、医药和茶事,深有研究,写过不少通俗读物。如《日用俗字·饮食章》对饮食的烹调和面食的制作就写得详细生动。千字文章,就记载了多种茶点。这"饮食章",至今还是美食家们研究明清初时山东饮食的重要资料。

蒲松龄通晓中药,熟知医理,还能行医。他曾编写过一本《药崇书》,该书分上下两卷,约1.8万字,收载药方258个。此书对治病救人,对自己的保健都曾起过积极作用。

蒲松龄也算得是我国古代北方的一位茶学家。他的《药崇书》

总结自己在实践基础上调配的一种寿而康的药茶方。蒲松龄身体力行，在自己住宅旁开辟了一个药圃，种不少中药，其中有有菊和桑，还养蜜峰。他广泛惧民间药方，通过种药又取得不少经验，在此基础上形成药茶兼备的菊桑茶，既止渴又健身治病。

菊桑茶药茶方，由桑叶、菊花500克，枇杷叶500克组成。其制法是先三述三药，用药碾槽碾成粗末，用蜂蜜100克蜜炙。而后用纱布袋分装，每袋5-10克，每一次袋，开水充泡代茶饮，每日2袋。他深知几味药的特性，并写于《药崇书》中，菊花有补肝滋肾、清热明目和抗衰老之功效；桑叶有疏散风热，润肝肺肾，明目益寿之效；枇杷叶性平、味苦，功能清肺下气，和胃降逆；蜂蜜具有滋补养中，润肠通便、调和百药之效。四药合用，相得益彰，是一贴补肾、抗衰老之良方。

蒲松龄就是用这药茶方泡茶，在家乡柳泉设一个茅草茶亭，为过往行人义务供茶，请饮茶者经常给讲故事、传说。蒲松龄用药茶水招待路人引来故事，成为千古佳话。他的《聊斋志异》中490多篇文言体小说集，就是这样搜集素材的。

有志者，事竟成，破釜沉舟，百二秦关终属楚；
苦心人，天不负，卧薪尝胆，三千越甲可吞吴。

蒲松龄自勉联中引两个历史典故，表达了他自己不怕挫折、不畏艰难的决心和勇气！

范仲淹的《斗茶歌》

范仲淹（989-1052年），字希文，苏州吴县人。北宋政治家、文学家。他写的《和章岷从事斗茶歌》，脍炙人口，在古代茶文化园地里占有一席之地，这首斗茶歌说的是文人雅士以及朝延命官，在闲适的茗饮中采取的一种高雅的品茗方式，主要是斗水品、茶品（以及诗品）和煮茶技艺的高低。这种方式在宋代文士茗饮活动中颇具代表性，从他的诗可以看出，宋代武夷茶已是茶中极品、也是作为斗茶的茶品。

同时写出宋代武夷山斗茶的盛况。其诗为：
年年春自东南来，建溪先暖冰微开。
溪边奇茗冠天下，武夷仙人从古栽。
新雷昨夜发何处，家家嬉笑穿云去。
露芽错落一番荣，缀玉含珠散嘉树。
终朝采掇未盈襜，唯求精粹不敢贪。
研膏焙乳有雅制，方中圭兮圆中蟾。
北苑将期献天子，林下雄豪先斗美。
鼎磨云外首山铜，瓶携江上中泠水。
黄金碾畔绿尘飞，碧玉瓯中翠涛起。
斗茶味兮轻醍醐，斗茶香兮薄兰芷。
其间品第胡能欺，十目视而十手指。
胜若登仙不可攀，输同降将无穷耻。
吁嗟天产石上英，论功不愧阶前蓂。
众人之浊我可清，千日之醉我可醒。
屈原试与招魂魄，刘伶却得闻雷霆。
卢仝敢不歌，陆羽须作经。

森然万象中，焉知无茶星。

商山丈人休茹芝，首阳先生休采薇。

长安酒价减百万，成都药市无光辉。

不如仙山一啜好，泠然便欲乘风飞。

君莫羡花间女郎只斗草，赢得珠玑满斗归。

第七章　茶马古道

茶马古道马帮习俗

商号与马帮

在中国古代，官方驿制的时兴时废一直是交通方面，也是社会发展方面的大问题。从清末到民国初年，云南官办驿运大大衰落，而随着商品经济的发展，各地间的商品运输流通需求大大增长，民营的商团化马帮便迅速发展起来。专门从事大宗货物长途运输的马帮，骡马多者数百匹，有的甚至多达数千头。在云南和西藏之间，就有大量这样的马帮商团在来往运作。

马帮商团化的出现，明显地具有资本主义运输生产的特征，同时也有着浓厚的传统行会的特色。它还有一个特点，就是马帮与工商业主之间建立相对固定的依存互利关系。马帮首领俗称为"锅头"，他既是经营者、赶马人的雇主，又大多是运输活动的直接参与者。马锅头经常与商号密切合作，互成大富。

商号与马帮在产销和运输之间形成的专业分工与依赖合作关系，这对双方扩大再生产极为有利，也是马帮运输业的一大进步。

因转手贸易需要，商号一般都自己养有马帮，形成自己的运输力量，少则二三十匹，多则二三百匹，来往贸易全靠骡马一站站、一程程地把货物在产地和需求地之间来往运送。

一般来说，云南马帮的组织形式有三种。一种是家族式的，全家人都投入马帮的事业，骡马全为自家所有，而且就以自家的姓氏命名。第二种是逗凑帮，一般是同一村子或相近村子的人，每家出上几匹骡马，结队而行，各自照看自家的骡马，选一个德高望重、经验丰富的人作马锅头，由其出面联系生意，结算分红时可多得两成左右的收入。第三种我们暂且将之称为结帮，它没有固定的组织，只不过因为走同一条路，或是接受了同一宗业务，或是因为担心匪患而走到了一起。这几种组织形式有时会搅和在一起，成为复杂而有趣的马帮景观。走西藏的马帮一般都是家族大商号的马帮。

据估计，到抗日战争期间，云南在茶马古道上做生意的大小商号有1500多家，当时每年来往于云南、西藏、印度等地之间的马帮约有30 000驮之多！

马锅头与马脚子

在茶马古道上，人们习惯于将赶马人叫"马脚子"（藏语叫"腊都"）。马脚子们大多出生贫寒，为生计所迫才走上赶马的路，因为走茶马道不仅艰苦异常，而且还十分危险。在当时，赶马人可以说没有什么社会地位，在有些人眼中，他们就是些出卖苦力

第七章 茶马古道

的人。

马脚子必须听从马锅头的指挥，马锅头就是他们的头儿，是一队马帮的核心，他负责各种采买开销，联系事情，甚至在野外开销吃饭时，也要由马锅头掌勺分饭分菜。赶马人只是马锅头雇用的小工。但马锅头和马脚子之间并不单纯是雇主与雇工的关系。马锅头，尤其是一些小马帮的锅头，大多是自己参加赶马帮的劳动者，与众多赶马人同吃一锅饭。锅头的名称也就由此而来。有的赶马人经过一段时间的努力，也会拥有属于自己的一两匹骡马，上路时将自己的骡马加入马帮，赚取自己的一份运费；如果再有些本钱，更可以备上一些货物驮上，自己也就有了一份利润。这样发展下去，一些马脚子就成了小马锅头或小老板。

在滇藏一线经营的大商号和马帮都有这么一种扶持赶马人的规矩：给商号马帮赶上3年马，就要分一匹骡子给马脚子，这匹骡子的开销费用归商号出，而这匹骡子挣得的钱全归赶马人。这样有了几匹骡马后，赶马人就会脱离马帮不干马脚子了，而是自己赶自己的马，做起锅头来。那些大掌柜、大马锅头也是这么一步一步发达起来的，他们知道这其中的艰辛和不易，知道这是用血汗换取的，所以才有了这么一种关照赶马人的规矩。

走西藏的马帮一般找滇藏边沿的藏族作马脚子，这样就不存在语言和习俗的障碍。一个马脚子最多可照看12匹骡马，那要极能干的赶马人才能做到，一般的马脚子就负责七八匹骡马。一个赶马人和他所照管的骡马及其货物就称为"一把"。这样几把几十把就结成了马帮。

马帮行头

跟当时那些地方军阀的乌合之众相比，马帮更像一支训练有素，组织严密的军队。马锅头、赶马人和骡马们各司其职，按步就班，兢兢业业，每次出门上路，每天从早到晚，他们都井然有序地行动。

骡马行进的队伍有自己的领导，那就是头骡、二骡。它们是一支马帮中最好的骡子。马帮一般只用母骡作头骡二骡。马帮们的说法是，母骡比较灵敏，而且懂事、警觉，能知道哪里有危险，而公骡太莽撞，不宜当领导。头骡二骡不仅是马帮中最好的骡子，而且她们的装饰也非常特别，十分讲究。她们上路时都要戴花笼头，上有护脑镜、缨须，眉毛处有红布红绸做的"红彩"，鼻子上有鼻缨，鞍子上有碰子，尾椎则用牦牛尾巴做成。头骡脖项上挂有很响亮的大铜铃，二骡则挂小一些的"二钗"。头骡二骡往往要一个毛色的。"头骡奔，二骡跟"，将整个马帮带成一条线，便于在狭窄崎岖的山路上行进。头骡上还插有马帮的狗牙"帮旗"，上面书写着该马帮的帮名，让人一看就知道是哪一家的马帮。头骡二骡一威风，整个马帮就有了气势，一路浩浩荡荡，连赶马人自己走着都有了精神。在整个马帮队伍的最后，还要有一匹十分得力的尾骡。它既要能紧跟上大队，又要压得住阵脚，使一大串的马帮行列形成一个整体。

一路上，赶马人随时都要检查马掌，一有损坏，马上就得钉补。马掌马钉，是马帮的常用消费品。钉马掌是相当讲究的专业本事。铺鞍垫捆驮子也同样。每匹骡子都有专用的鞍垫，走西藏的马帮因为道路狭窄陡险，捆的都是软驮。所谓软驮就是将货物装在麻袋或皮囊之类的软包装里，用绳索直接捆在骡马背上，这样既轻巧方便又灵活快捷。当然，不同的货物有不同的捆法，一般最常用的是单十字"袢"。铺鞍垫先是在骡马背上放一片"马绋"。它是西藏地方出产的，是一块长方形的毡子，四角镶花，底色有红的，绿的，上面有十字花纹，很好看。马绋上再放置麻布缝制的垫套，里面塞上毡子毛，很软和。最上面一层放的是一块叫"贡布"的皮子，大多用带毛的牛皮或山驴皮做成。铺垫上这些，货驮就磨不着骡马了。这些铺垫晚上也是赶马人睡觉的垫褥。

走西藏的马帮也不用楸木、楸珠来给骡马束尾，它们一方面增加了骡马的负担，另一方面容易磨伤骡马，而且坏了没办法修。所以走西藏的马帮只用麻布麻绳扭成马楸索来用，既轻便又软和，还很牢实。骡马一上路，就要戴上各自专用的用竹篾和细皮子编缀起来的笼头，以免它们一路走一路贪嘴。它们吃饭也有各自专门的料袋，像人一样，一日三餐，晚上就放到山上打野吃草。

马帮的生活方式

马帮在路上，大部分时间过的是野营露宿的生活。一般天一发亮就爬起来从山上找回骡马，给它们喂料，然后上驮子上路。中午开一次"梢"。"开梢"就是吃午饭的意思，也就是打个酥油茶，揉一点糌粑吃。当天色昏暗下来的时候，马帮都要尽力赶到他们必须到达的"窝子"，在那里才好"开亮"。开亮就是露营。他们要在天黑前埋好锣锅烧好饭，卸完驮子，搭好帐篷。每天的打野开亮，都由大家分工合作，找柴的找柴，做饭的做饭，搭帐篷的搭帐篷，洗碗的洗碗，而且是轮流着做，以免不公平。

这样打野开亮，对野外生存的马帮来说，并不是一件容易事。这里面有许多忌讳，主要是语言上的忌讳。如筷子不能说筷子，而要说帮手，因为"大快"为老虎，不能提到那凶猛的家伙，像豹子的称呼也不能提；碗要叫"莲花"，碗跟晚是谐音，马帮们可不想晚到。钵头要说缸钵，"头"与偷谐音，马帮也不想被盗。勺子要说"顺赶"，勺跟说在云南方言中是谐音，而言多必失，那就不吉利了。同样，手巾要叫"手幅子"，因为骡马最怕受惊，甚至连锣锅都不能说，因为谁都怕"落"在江里，所以锣锅只能说饭锅。灶也只能叫"火塘"，大家都不想把事情弄糟（灶）……但"柴"却是个吉利的发音，跟"财"相近，有时马帮过村寨还要去买一捆柴扛来，说"柴（财）来了！柴来了！"似乎这样就能招财进宝了。

行为上的避讳也很多。如煮饭要转锅时，只能逆时针方向一点点慢慢转；架锣锅的石头不能乱敲，连磕一下烟锅都不行；凑柴要从一个口一顺地凑，不能乱架乱放；吃饭时只能由锅头揭锅盖，第一碗饭也要由锅头添，添饭时更不能一勺子舀到底，要从饭锅表面一层层舀下去；添饭时还不能将饭锅搞得转动；所有的人吃头一碗饭是不能泡汤的，因为怕碰上下雨；人不能从火塘和锣锅上跨过，也不能挡住第二天要走的方向；饭锅更不能搞得打翻了……

不要以为这是马帮们迷信犯傻。出门在外，顾忌自然特别多。人又不是神，各种意外随时都可能发生，人们不得不有所畏惧。

无论是谁，凡是不小心犯了以上忌讳，就要挨一顿数落，还要出钱请客打牙祭，严重的就逐出马帮。

马帮的漂泊生活苦是苦,但也有一种说不出来的诱惑。有一首赶马调是很好的写照:

夜晚,在松坡坡上歇脚,
叮咚的马铃响遍山坳。
我唱着思乡的歌喂马料,
嘶鸣的马儿也像在思念旧槽。
搭好宿夜的帐篷,
天空已是星光闪耀。
燃起野炊的篝火,
围着火塘唱起赶马调。
远处的山林里,
咕咕鸟在不停地鸣叫,
应和着头骡的白铜马铃,
咕咚咕咚响个通宵。
我听见呼呼的夜风,
在山林间不停地呼唤,
夜风啊夜风,
你是否也像我一样心神不安?
我看见密麻的松针,
在枝头不停地抖颤,
松针啊松针,
你是否也像我一样思绪万千?
我看见闪亮的星星,
在夜空里不停地眨眼,

星星啊星星，

你是否也像我一样难以入眠？

马帮们每天的生活几乎都是如此进行，早上找回骡马，马吃料，人吃饭，走路，上驮下驮，扎营做饭，放马，睡觉，周而复始，月复一月，年复一年。但雪域高原那神奇莫测的自然景色，沿途丰富多彩的人文景观，使得每一天的行程充满了意外和惊喜。

千年茶马古道上的人生"背"歌

在千年川藏线茶马古道上，有一首悲壮的人生"背"歌鲜为人知。由于四川雅安等产茶地进入青藏高原的道路被高耸入云的二郎山等天堑隔断，险要的山路甚至连骡马也不能通行，千百年来，由川藏茶马古道进入青藏高原的茶叶要靠人力背过层峦叠嶂来到藏区物资集散地康定。背夫往往十多人结伴而行，其中年龄大的四、五十岁，小的不过十二、三岁，甚至许多妇女也加入其中。在往返约需1个月的漫漫路程中，背夫们背着少则30、多则150公斤重的茶叶，翻越雪山、峭壁，躲避土匪，饿了就吃随身带的玉米馍馍、渴了就喝山泉雪水，晚上投宿在沿线百姓开设的、条件异常艰苦的"幺店子"……，而换来的仅是勉强养家糊口的一点血汗钱。行进途中，背夫们苦中作乐，彼此照料、团结有序，一路山歌、唱不尽人生的酸甜苦辣。直到解放后，随着川藏公路和二郎山隧道的开通，背夫这个职业才消失在漫漫的历史长河中。

第七章 茶马古道

茶马古道的千年历史变迁

亮炯·朗萨所著《恢宏千年茶马古道》，是一部图文并茂的通俗读物，又是一部川康藏史地小百科。这本书既翔实的记述了"茶马古道"的历史渊源和作用，又介绍了康巴地区的自然生态、人文景观和藏族的历史文化。

"茶马古道"起于何时？史书上早有记载：秦汉时，蜀地和雅安地区的商者就与大渡河以西当时称为牦牛羌、牦牛夷等部族进行过骡马、牦牛等物交往；量少稀有还只为药用的茶叶，也是一项流通货物。从蜀地到达康定的新都桥、塔公草原和木雅藏族聚居区域等地方的道路，人们称这条最早的民间通商交往的路叫"牦牛道"或"马道"。从中原地经青海和四川甘孜州部分地区，经金沙江、过西藏那曲等地到达拉萨的藏汉政治文明古道是唐朝时唐蕃古道，从宋、元、明、清由朝廷多次大规模开通的川藏古道把茶叶更多地输进了藏区；清时，云南的普洱茶也输入藏区。宋朝时，因北方边疆战事不断，辽、金、西夏等游牧政权的侵扰，战事和运输需要大量的马匹，宋王朝便把"茶马互市"的重点从西北转移到西南。

从内地通往康藏地区交通要道就是四川的黎州（汉源）、雅州（雅安），两地便成了"茶马互市"的重要市场。到了元朝，由于军马是自给，不需要茶马交易，官方对茶叶的控制，完全在于以税收充实财政。明朝时，北方战乱又起，朝廷迫切需要军马，以茶易马的旧制恢复，施行以茶马司的"茶引制度"，严禁私人贩运到民族地区，也严禁把茶种引过二郎山，违者会处以凌迟死刑。

到了清代，边茶是清政府财政收入的重要来源之一。乾隆年间，以茶易马的政策完全终止。"引茶制"改为"引岸制"。岸，是指茶叶的固定采购地和销售范围，口岸和路线都是按官方指定的范围。由于清朝逐渐放宽了茶叶的控制政策，从而促进了茶叶的生产和藏汉茶土（土特产）交流为中心的贸易。到清朝中叶，因经营边茶而发家致富的不少，雅安、名山、荥经等县的茶商就发展到了七十多家，以边茶为中心的民族资本逐渐发展起来。康熙四十一年（1902年）清政府于打箭炉（康定）设官，监督茶叶等贸易，这时康定更加形成了藏汉贸易中心。清朝前中期位于藏汉交通要冲的康定，就必然成为汉藏贸易的重要集散地，边茶业的发展走向极盛时期。那时的炉城（康定）在清史书中说是"全市基础建于商业，市民十之八九为商贾"。

从历代王朝对边茶的政策是要"以茶治边"，用茶叶控制少数民族。统治者在实行重征茶税和茶叶官卖的垄断茶叶贸易的一整套政策是达到以茶治边的政治目的和经济目的。

从唐以来的"茶马互市"以及发展到后来的"茶土交流"都把内地汉族和边疆少数民族联系起来，促进了各民族文化交流和经济往来。始于唐代的边茶业在客观上成为藏汉民族团结交往的重要纽带，对国家的统一和民族经济文化的交流起到了重要的作用。

从雅安、名山、荥经、天全、泸定等地到藏汉商贸重镇康定，从康定又分南北两线到青海玉树、昌都，经西藏芒康、察丫、江达等地，直至拉萨，这就是历史上的茶马古道；这就是我国历史最为悠久、运输茶叶最多、汉藏民族文化、经济往来最为重要的通道；

这个大通道的起始、中段和中心段均在康巴大地腹心——甘孜州。而甘孜州又处在特殊的地理位置形成的特殊的生态、文化格局,使川藏茶马古道纵贯、网布甘孜藏族自治州。

历史在前进,今天的甘孜州早已不是历史上茶马古道那种贫穷落后,靠人背马驮作为运力的景况。汽车已成为主要运输工具,在四通八达的公路上往来飞驰,把藏族需要的茶叶、日用品运往各地;从成都到西藏拉萨有飞机可以直达,结束了千年茶马古道的辛酸历史。

川藏茶马古道的形成与历史作用

川藏茶马古道的形成与路线

早期的茶马古道

四川古称"天府",是中国茶的原产地。早在两千多年前的西汉时期,四川已将茶作为商品进行贸易。当时,蜀郡的商人们常以本地特产与大渡河外的牦(旄)牛夷邛、筰等部交换牦牛、筰马等物。茶作为蜀之特产应也在交换物之中。这一时期进行商贸交换的道路古称"牦(旄)牛道",它可算是最早的"茶马古道"。其路线是:由成都出发,经临邛(邛崃)、雅安、严道(荥经),逾大相岭,至旄牛县(汉源),然后过飞越岭、化林坪至沈村(西汉沈黎郡郡治地），渡大渡河，经磨西，至木雅草原（今康定县新都桥、塔工一带）的耗牛王部中心。沈村是进行交易的口岸。不过，这时饮茶之习在我国尚未普遍形成，茶叶在内地还主要是作为药物被人们使用。价高量少，尚不可能被藏区大量使用。输入藏区的茶，这时数量有限。

唐宋时的茶马古道

唐代，吐蕃兴起于青藏高原后，大力吸取周边地区的先进文化。特别是伴随文成、金城公主下嫁而兴起的唐蕃政治、经济、文化大交流，使吐蕃出现"渐慕华风"的社会风气。唐人饮茶之习也被传入吐蕃，逐渐成为上层人士和寺院僧侣的风习。唐人陆羽的《茶经》记载：茶在唐代有五种名称，"一曰茶，二曰槚，三曰蔎，四曰茗，五曰荈"。"其味甘，槚也；不甘而苦，荈也；啜苦咽甘，茶也"。藏语称茶为"槚"（ja），显然是借用了唐时汉语对茶的称呼。可证茶叶是唐时开始大量输入藏区的。

不过，茶传入吐蕃之初，仍仅仅是被作为一种珍贵的医疗保健品在吐蕃王室中使用。并未作为一种日常饮料。这在藏、汉文史料中都可找到印证：藏文史籍《汉藏文书》中记载，松赞干布的曾孙都松莽布支（670－704在位）原先体弱多病，后来用茶治疗，很快恢复了健康。唐代汉文史籍《国史补》记载：唐德宗时，常鲁公出使吐蕃，闲时在帐中烹茶，吐蕃赞普见到后十分奇怪，"赞普问曰：'此为何物？'鲁公曰：'涤烦疗渴，所谓茶也。'赞普曰：'我此亦有。'遂命出之，以指曰：'此寿州者，此舒州者，此顾渚者，此蕲门者，此昌明者，此灉湖者'"。考寿州、舒州在皖，顾渚在浙，蕲门在鄂，昌明在蜀，灉湖在湘。都是唐代名茶产地。赞普虽拥有中原这些最名贵的茶，但却不晓其烹饮之法。由此证明：吐蕃在7世纪时已从内地得到有不少茶叶，但当时主要为王室所拥有，作为保健品使用；还不懂烹茶之法，尚未形成饮茶的社会生活习惯。

根据史料记载，内地饮茶之习也是在唐玄宗开元年间才开始形成。唐人封演在其《见闻录》中记载：开元中佛教禅宗盛行，僧人坐禅"务于不寐，又不夕食，皆许其饮茶，人自怀挟，到处煮饮。从此辗转相仿效，遂成（社会）风俗"。随着唐蕃之间的交往增强，特别是内地的大量禅僧相继到吐蕃传法或经由吐蕃去天竺求法，使这种饮茶习俗也传播到藏地。自9世纪初热巴巾规定"七户养一僧"后，藏地僧人再不需要从事生产劳动，对于每日长时间坐静诵经的藏僧来说，汉僧的饮茶之习此时更具有了效法的价值，它不仅能达到"破睡"、"涤烦疗渴"的生理方面的功效，而且能给这些僧人单调孤寂的生活以心理上的慰藉。因此，饮茶的风气首先在藏地僧人和寺庙中蔓延开来，烹茶之艺也在僧人中首先讲究起来。藏史称："对于饮茶最为精通的是汉地的和尚，后来噶米王向和尚学会了烹茶，米扎衮布又向噶米王学会了烹茶，这以后便依次传了下来"。正说明最初把烹茶、饮茶的生活方式传入吐蕃的是来自汉地的僧人。

9世纪中，朗达玛开展"灭佛"后，寺院被毁，僧人被迫还俗。融入民间的僧人，将他们的饮茶习惯传播于人民大众中。加之，晚唐以后，唐蕃关系进入了一个较稳定的和平友好共处时期。由于"安史之乱"对内地农业严重破坏，唐朝需要从藏区长期输入马、牛，便以缣（丝织品）、茶等物与吐蕃市易。从而使双方间官方和民间的贸易都大大活跃起来，不仅在陇、蜀、洮、岷一带出现了官方开办的市易区，民间贸易渠道也发展起来。大量价格较低廉的茶输入藏区，为藏区普通民众饮茶创造了条件，从那以后，饮茶作为一种全社会、全民族的共同习俗，便自然而然地在藏族中逐渐形成了。

五代及宋时，内地战乱频仍，需要从藏区采购很多战马，同时，中央政府为了籍助茶叶贸易加强与藏区各部路的政治关系。于是正式建立起了"以茶易马"的互市制度，使茶叶输藏成为政府专门管理的一项重大国策，从而保证了茶叶能长期、稳定地供应藏区，推动了藏族社会饮茶之习的发展。茶马古道亦随之有了较大的展拓。

唐宋时期的茶马大道主要为"青藏道"，即通常所说的"唐蕃古道"。唐蕃古道在前期主要是一条政治交往之路，后期则成为汉藏贸易进行茶马互市的主要通道。这条道路东起关中地区，经过青海，从四川西北角的邓玛（原邓柯县），过金沙江，经昌都地区、那曲地区至拉萨（逻些）。唐时，互市未限定口岸。宋朝则在熙、河、兰、湟、庆等州设置专门的茶马互市的市场，实行茶叶专卖的"引岸"制度。这一时期虽在四川的黎（汉源）、雅（雅安）亦设立茶马互市口岸，专门供应康区茶叶。但由于当时所易三马的主要产自青海一带，故大量的川茶是从川西的邛崃、名山、雅安和乐山等地经成都、灌县（都江堰）、松州（松潘），过甘南，输入青海东南部，然后分运至西藏、青海各地。这条茶道一直延续至今，经由这路输往藏区的川茶被称为"西路茶"。

第七章
茶马古道

元明清时的茶马古道

元代，西藏正式纳入祖国版图，为发展西藏与内地之间的交通，元政府在藏区大兴驿站，于朵甘思境内建立19处驿站，从而使四川西部与西藏间的茶马大道大大延伸。明朝特别重视茶在安定藏区、促进国家统一中的作用，政府制定了关于藏区用茶的生产、销售、贩运、税收、价格、质量、监察的一系列法规和制度，限制入藏销售数量，抑制茶商投机倒把。由于朝廷对朝贡者不仅厚赏崇封、赏赐"食茶"，还允其在内地采购限额外的茶叶。从而使藏区宗教上层、地方首领，纷纷朝贡求封，有的直接奏称"今来进贡，专讨食茶"；返回时总是"茶驮成群，络绎于道"。为了加强与长河西、朵甘思各部的关系，缩短运距、方便茶运，明太祖命四川官府劈山开道，开辟了自碉门（天全）经昂州（岩州，今泸定岚安镇）逾大渡河至长河西（康定）的"碉门路"茶道，并于昂州设卫，驻军以保护茶道畅通。明成化六年（1476），又规定乌思藏、朵甘思各部朝贡必须从"四川路"来京。于是，四川不仅是边茶的主要生产地，而且成为了"茶马互市"的最主要贸易区。形成了黎、雅、碉门、岩州、松潘五大茶市口岸。

明代川藏茶道分为"南路"（黎碉道）和"西路"（松茂道）两条。"南路"茶道中，由雅州至打箭炉段又分为两路：一路由雅安经荣经，逾大相岭至黎州，经泸定沈村、磨西，越雅加埂至打箭炉，因其是自秦汉以来就已存在的大道，故名为"大路"；另一条是自雅安经天全两河口，越马鞍山（二郎山），经昂州，过大渡河，至打箭炉。因系山间小道，故又称为"小路"。由这两条路上运输的茶，分别被称为"大路茶"与"小路茶"。自打箭炉至西藏的茶道路线是：打箭炉北行，经道孚、章古（炉霍）、甘孜，由中扎科、浪多、柯洛洞、林葱（原邓柯县）至卡松渡过金沙江，经纳夺、江达至昌都。然后经类乌齐、三十九族地区（丁青、巴青、索县等地），至拉萨。由于这条路所经大部分地区为草原，适合大群驮队行住，故自明至清，一直是川藏茶商驮队喜走之路。"西路"茶道由灌县沿岷江上行，过茂县、松潘、若尔盖经甘南至河州、岷州，转输入青海。

清代，四川在治藏中的作用大大提高，驻藏的官员、派遣的戍军、所需之粮饷，基本上都由四川拣派、供应。四川与西藏关系的密切，进一步推动了川藏的"茶马贸易"。不过这一贸易已不再是"以茶易马"，而是以茶为主，包括土产、百货等各种物资的全面的汉藏贸易。清康熙四十一年（1702年），在打箭炉（康定）设立茶关。之后，又于大渡河上建泸定桥，开辟直达打箭炉的"瓦斯沟路"。打箭炉成为了川茶输藏的集散地和川藏茶马大道的交通枢纽。清康熙五十七年，为平定准噶尔乱藏，开辟了自打箭炉经里塘、巴塘、江卡（芒康）、察雅至昌都的川藏南路大道，沿途设立粮台、塘铺。由于这条路主要供驻藏官兵和输藏粮饷来往使用，故习惯上称之为"川藏官道"。但实际上此道也经常是茶商驮队行经之路；而由打箭炉经道孚、甘孜、德格、江达至昌都的茶马古道，则习惯上被称为"川藏商道"。两道汇合于昌都。由昌都起又分为"草地路"和"硕达洛松大道"两路，至拉萨汇合。"硕达洛松大道"由昌都经洛隆宗、边坝、工布江达、墨竹工卡至拉萨；"草地路"即上述的由昌都经三十九族至拉萨的古代茶道。昌都是两条川藏茶道的汇合点，也是滇藏、青藏交通的总枢纽，因而成为茶马古道上的又一重要口岸。

茶马古道的历史作用与现代功能

茶马古道的历史作用主要有以下四点：

第一，茶马古道是一条政治、经济纽带。促进了西藏与祖国的统一和藏汉人民唇齿相依、不可分离的亲密关系。通过这条古道，不仅使藏区人民获得了生活中不可或缺的茶和其它内地出产的物品，弥补了藏区所缺，满足了藏区人民所需。而且让长期处于比较封闭环境的藏区打开了门户，将藏区的各种土特产介绍给内地。形成了一种持久地互补互利经济关系。这种互补关系使藏汉民族形成了在经济上相依相成，互相离不开的格局。由此而进一步推动了藏区与祖国的统一，藏、汉民族的团结。在历史上，宋朝、明朝尽管未在藏区驻扎一兵一卒，但却始终与藏区保持不可分割的关系，令藏区各部归服，心向统一。其中茶马古道发挥了最重要的作用。

第二，茶马古道带动了藏区社会经济的发展。沿着这条道路、伴随茶马贸易不仅大量内地的工农业产品被传入藏区丰富了藏区的物资生活，而且内地的先进工艺、科技和能工巧匠也由此进入藏区，推动了藏区经济的发展。例如因茶叶运输的需要，内地的制革技术传入藏区，使藏区的皮革加工工业发展起来；又如因商贸的发展，内地的淘金、种菜、建筑、金银加工等技术和技工大量经由此道输入，推动了藏区农作技术、采金技术和手工业的发展。同时，由于交易物品的扩展，藏区的虫草、贝母、大黄、秦艽等药材被开发出来，卡垫、毡子和民族手工艺品生产也被带动起来，有了很大的发展。据统计，宋代四川产茶3000万斤，其中一半经由茶马古道运往了藏区。明代经由黎雅、碉门口岸交易的川茶达3万引，占全川茶引的80%以上。清代经打箭炉出关的川茶每年达1400万斤以上。同时，大批的藏区土特产也经由此路输出。据1934年统计，由康定入关输向内地的有麝香4000斤、虫草30 000斤、羊毛5 500 000斤、毡子60 000多根等，共值银400余万两。可见汉藏贸易规模之大。在这一贸易的带动下，藏区商业活动迅速兴起，出现了一批著名的藏商，如"邦达仓"、"三多仓"、"日升仓"等（仓，藏语意为家。这里用作商号）；出现了集客栈、商店、中介机构为一身的特殊经济机构——锅庄。康巴处于条大道的中心，受这种环境的熏陶，最早改变了重农轻商的观念，养成了经商的习惯。康巴商人的精明能干，由此远近闻名。

第三，促进了藏区城镇的兴起和发展。茶马古道上的许多交易市场和驮队、商旅的集散地、食宿点，在长期的商贸活动中，逐渐形成为居民辐凑的市镇。促进了藏区社会的城镇化发展。如打箭炉在元代尚为荒凉的山沟。明代开碉门、岩州茶马道后，这里逐渐成对大渡河以西各驮队集散之地，清代开瓦斯沟路，建泸定桥，于其地设茶关后，迅速成为"汉番辐凑，商贾云集"的商业城市。西藏和关外各地的驮队络绎不绝地来往于此，全国各地的商人在这里齐集。形成了以专业经营的茶叶帮，专营黄金、麝香的金香帮，专营布匹、哈达的邛布帮，专营药材的山药帮，专营绸缎、皮张的府货帮，专营菜食的干菜帮，以及专营鸦片、杂货的云南帮等。出现了48家锅庄，32家茶号以及数十家经营不同商品的商号。兴起了缝茶、制革、饮食、五金等新兴产业。民居、店铺、医院、学校、官

第七章
茶马古道

署、街道纷纷建立，形成为一座闻名中外的繁荣热闹的"溜溜的城"。又如昌都由于是川藏、滇藏、青藏三条茶马古道的交通枢纽和物资集散地。亦随着茶马贸易的发展而成为康区重镇和汉藏贸易的又一中心。

第四，沟通了藏族与汉族和其它民族的文化交流。茶马贸易的兴起使大量藏区商旅、贡使有机会深入祖国内地；同时，也使大量的汉、回、蒙、纳西等民族商人、工匠、戍军进入藏区。在长期的交往中，增进了对彼此不同文化的了解和亲和感，形成了兼容并尊，相互融合的新文化格局。在茶马古道上的许多城镇中，藏族与汉、回等外来民族亲密和睦，藏文化与汉文化、伊斯兰文化、纳西文化等不同文化并行不悖，而且在某些方面互相吸收，出现复合、交融的情况。例如在康定、巴塘、甘孜、松潘、昌都等地，既有金碧辉煌的喇嘛寺，也有关帝庙、川主宫、土地祠等汉文化的建筑，有的地方还有清真寺、道观。各地来的商人还在城里建立起秦晋会馆、湖广会馆、川北会馆等组织，将川剧、秦腔、京剧等戏剧传入藏区。出现了不同民族的节日被共同欢庆；不同的民族饮食被相互吸纳；不同的民族习俗被彼此尊重的文化和谐。文化的和谐又促进了血缘的亲合，汉藏联姻的家庭在这里大量产生。民族团结之花盛开在茶马古道之上。

茶马古道在历史上曾产生过巨大的政治、经济、文化作用。那么，在藏区现代化的发展的今天它还能发挥什么功能与作用呢？

一是茶马古道是祖国统一的历史见证，是民族团结的象征。由藏汉等族人民开辟的这条道路，证明了西藏归属中国的历史必然性，证明了藏区与祖国天然的不可分割的关系，证明了藏族与汉族和其它兄弟民族间谁也离不开谁的关系。它就象一座历史的丰碑，穿越千年时空，让人感受到汉藏情谊的隽永与深厚。

二是茶马古道是一份丰厚的旅游资源，在藏区的旅游业的发展中具有巨大的价值。茶马古道作为历史文化遗产，有很大的旅游吸引力。古道上茶夫在石上留下的斑斑杖痕、驮队踏出的蜿蜒草地小径，能让人浮想联翩，追寻那千年的史迹；古道沿途的村寨、牧场风光绮丽，民俗奇特而各有地域差异。城镇中多元文化汇集、绚烂多姿，都能令人目不暇接，流连忘返。将这些开发为旅游观光的项目推出，具有独特的优势。

三是深入发掘茶马古道的文化内涵，对于推进藏汉地区的精神文明和文化建设，具有重要意义。茶马古道不仅是一条道路，更是一个历史文化的载体，蕴含着极为丰富的文化内涵。例如，伴随这一古道诞生的藏族茶文化、商贸文化就值得深入发掘。以茶文化而论，藏族对茶的医疗作用见解独特，早在14世纪时，就根据茶的生长地理环境、施肥种类、烘制方法的差异，将茶分为十六种，分别用以治疗流涎、胆热、痴愚、胃病、血病、风病、魔病等症。藏族饮茶、用茶的礼俗更体现了一种深厚的民族文化底蕴，集中了茶文化的精髓。这些礼俗可以归纳为"敬"、"逸"、"和"、"静"、"怡"五字。即：献茶有礼，是为敬；用茶不羁，是为逸；以茶调食，是为和；饮茶宁心，是为静；茶事寓乐，是为怡。这种礼俗对陶冶民族情操起了重要作用，充分发掘有关文化内涵，赋予其现代意义。不仅能提高藏区人民的生活质量，而且对宏扬民族优秀文化、义推进两个文明建设有重要意义。

茶马古道历史线路

茶马古道主要有三条线路：即青藏线（唐蕃古道）、滇藏线和川藏线，在这三条茶马古道中，青藏线兴起于唐朝时期，发展较早；而川藏线在后来的影响最大，最为知名。这三条道路都与昌都有着密切的关系，其中，滇藏线和川藏线必须经过昌都，它们的发展是与茶马贸易密切相关的。

滇藏线茶马古道出现在唐朝时期，它与吐蕃王朝向外扩张和对南诏的贸易活动密切相关公元678年，吐蕃势力进入云南西洱海北部地区。680年建立神川督都府，吐蕃在南诏设置官员，向白蛮、黑蛮征收赋税，摊派差役。双方的贸易也获得长足的发展，茶马贸易就是重要内容之一。南诏与吐蕃的交通路线大致与今滇藏公路相近似，即从今云南大埋出发，北上至剑川，再北上到丽江，过铁桥城继续沿江北上，经铦子栏至聿赍城，前行到盐井，再沿澜沧江北上至马儿敢（今西藏芒康）、左贡，分两道前往西藏：一道经由八宿邦达、察雅到昌都；一道径直由八宿至波密，过林芝前往拉萨。

历史上滇藏线茶马古道有三条道路：一条由内江鹤丽镇汛地塔城，经过崩子栏、阿得酋、天柱寨、毛法公等地，至西藏；一条由剑川协汛地维西出发，经过阿得酋、再与上一条道路相合至西藏；一条由中甸出发，经过尼色落、贤岛、崩子栏、奴连夺、阿布拉喀等地至西藏。其主要通道即与今滇藏线接近。

茶马古道在云南境内的起点就是唐朝时期南诏政权的首府所有

地大理。其中，大理、丽江、中甸、阿墩子（德钦）等地是茶马贸易十分重要的枢纽和市场。滇藏线茶马贸易的茶叶，以云南普洱的茶叶为主，也有来自四川和其它地方的茶叶。滇藏线茶马贸易有自己的特点，由云南内地的汉商把茶叶和其它物品转运到该地转销给当地的坐商或者西藏的贩运商人，又从当地坐商那里购买马匹或者其它牲畜、土特产品、药材，运至丽江、大理和昆明销售。西藏、川藏的藏商，大多换取以茶叶为主的日用品返回西藏。运输工具主要是骡马和牦牛等。

茶马古道的积淀：茶文化

中国的云南是"茶文化"的发源地之一，是最早饮用茶并培植茶树的地方。在今云南省西双版纳地区的南糯山至今仍长有千年的老茶树，而四五百年的茶树则是成片，成林。茶文化是中国文化的重要构成部分，是云南省除稻作文化外，贡献给世界最重要的"文化"。

"茶马古道"是怎样形成的？这必须从茶的兴起及传播说起。

尽管当今世界的广告充斥着可口可乐、百事可乐以及麦氏速溶咖啡等等最入时的各种各样饮料，但具有独特性的世界"三大饮料"之一的中国茶，作为普通的饮料仍然雄踞世界的饮料市场之首，而且因为其拥有悠久的历史而使其成为一种影响最广的"文化"。有的欧美人津津品味着红茶，用茶配制成各种饮料，而有的欧美人也乐意用绿茶消肥强骨，茶在世界仍然风行着。当中国瓷茶器具在世界最大的索斯比拍卖行的价码开到几十万美元的时候，你会为茶的魅力感到惊讶，因为你喝茶的时候，总是大杯大碗的喝，并没有品味出"茶文化"的博大精深。当东瀛的日本人得饮茶之俗后，把饮茶"玩"成"茶道"，于是许多人明白饮茶也是一门深奥的"艺术"。

中国的云南是"茶文化"的发源地之一，是最早饮用茶并培植茶树的地方。在今云南省西双版纳地区的南糯山至今仍长有千年的老茶树，而四、五百年的茶树则是成片，成林。茶文化是中国文化的重要构成部分，是云南省除稻作文化外，贡献给世界最重要的"文化"。

在先秦的汉文献里没有"茶"字，只有一个"荼"字。《周礼》云："掌荼，掌以时聚荼，以供丧事。"先秦典籍里"荼"出现的比较多的是《诗经》。如《谷风》："谁谓荼苦"；《出其东门》："有女如荼"。《邶风》："谁谓荼苦，其甘如荠"。《楚辞》中也有说到"荼"的。《楚辞·九章·桔颂》："故荼荠不同亩兮"。而作为原产茶地的云南也有历史文献记载，《普洱府志》载，云南少数民族最早在汉代就已栽培茶树了。"茶"字最晚到唐时就已见于正式的文献了。唐陆羽《茶经》便对茶、茶具、制茶的方法、饮法及用水之道、茶的源流等作了详细的介绍和研究。如在《茶经·一之源》说："茶者，南方之嘉木也。一尺二尺乃至数十尺。其巴山峡山，有两人合抱者。伐而掇之。其树如瓜芦，叶如栀子，花如白蔷薇，……。"又云："从草木当作茶。其字出开元文字者，义从木，当作茶。其字出本草，草木并作茶。其字出《尔雅》。其名，一曰茶，二曰贾，三曰设，四曰茗……"实际把茶称为贾、设、茗等，是由于品种或方言语音变化的缘由。"茶"与"荼"字应是同名同物，从中古音学来推测，其在上古为定母鱼部，姑且拟为 dra 音，中古以后，字音分化。据有的学者调查一些汉语方言和少数民族语言，还找到了一些同上古汉语"茶"语音相对的地方，如城步金水苗语作 da；贵州彝语作 ba－tu；汉语福建方言作 tu。

确实云南滇域由于自然条件的优越，古人类很早就在这块广阔的地域里生活了。我们知道，还在人类早期的发展过程中，采集业的发展，便刺激了人的文化思维器官，而这种思维的发展，必然引导人们去选择一些较好的植物进行定向载培，而这种思想的孕育，标志着农业社会的诞生。滇域的先民把"茶"作为定向培育的植物，开了"饮料"作为世界"饮茶"文化的先河。"饮料"与"食物"的分离，可以说是人类"饮食"文化上的一次大变革。在世界农业发展史上，中国是载培植物的最大起源和变异中心之一。而云南又是中国的变异中心。在世界各国历史上都有过因为某一"物"的发现，而使这一国家成为世界注目的地方。以中国人为例，其所产的丝绸世界闻名，罗马学者老普林尼（Gajus the elcler）在《博物志》中说："赛里斯（Seres，丝国，指中国）国……其所产丝，驰名宇内。丝生于树叶上，取出，湿之以水，理之成丝，后织成锦绣文绮，贩至罗马。"由于丝绸的华贵，使世界为之倾倒。当时罗马贵豪就以有丝绸服装为骄傲。因为丝绸价格极高，势必让经商者组成庞大的商队，翻越万水千山，以生命作为代价，年复一年地将中国丝绸运往世界各地进行贩卖。这些贩运的道路，由于来往人我，逐渐就形成了联系各地政治、经济、文化的纽带。云南的稻作文化也曾拯救了饥饿的日本，使世界深受其影

第七章
茶马古道

响。云南的"茶"也是如此,樊绰《云南志》卷七载"茶出银主城界诸山",指的就是现今景东,景谷及其以南地区。大叶子普洱茶,早在唐天宝年间就在澜沧江两岸大量种植。其味苦中回甜,在当时就闻名于世。

滇茶最初由马帮运入四川,并向北、向西"扩张"。唐人《封氏闻见录》说:"茶……南人好饮之,北人初不多饮,开元中,泰山灵岩寺有降魔师,大兴禅教,学禅务于不寐,又不夕食,皆许饮茶。人自怀挟,到处煮饮,以此转相仿效。遂成风俗。自邹、齐、沧、隶渐至亲邑,城市多开店辅,煎茶卖之,不问道俗,投钱取饮。其茶自江淮而来,舟车相继,所在山积,色额甚多……王公朝士无不饮者……但不如今人溺之甚,穷日尽夜,殆成风俗。"唐人饮茶之风在这里可略见一斑。由于茶的功能价值,在魏晋南北朝时期,饮茶之风进一步向北渗透。北方食畜肉、乳制品的游牧民族也大量饮茶,如当时的乌桓、匈奴、羯、鲜卑、氐、羌等各少数民族,由此在唐宋时期"茶马互市"为一时之盛。宋代在今普洱县境内就已有"茶马"交易市场。清初,檀萃的《滇海虞衡志》就载:"普茶名重于天下,此滇之所认为产而资利赖者也,入山作茶者数十万人,茶客收运于各处,每盈路,可谓大钱粮矣。"足见滇茶名重于天下。

茶叶运销,曾达红海沿岸及欧洲各国。欧洲文献最早说到茶的是威尼斯人 Giambattista Ram Wsio 所著的"Voyages and Travel"(《海陆游行记》)。"茶"的译音为"Chai"。16世纪。茶传入欧洲,英国称"茶"为 Chaa。从此,茶风靡整个欧洲,各国纷纷进口中国的茶叶。现代英语"茶"为"Tea",法语称"Thé",德语叫"tee"，是北方方言"tsha"的译音。托尔斯泰巨著《战争与和平》中就有关于喝中国普洱茶的细致描写。

茶马古道与茶文化传播

在茶叶历史上，茶叶文化由内地向边疆各族的传播，主要是由于两个特定的茶政内容而发生的，这就是"榷茶"和"茶马互市"（也称茶马交易）。

"榷茶"的意思，就是茶叶专卖，这是一项政府对茶叶买卖的专控制度。"榷茶"，最早起于唐代。

到了宋初，由于国用欠丰，极需增加茶税收入，其次，也为革除唐朝以来茶叶自由经营收取税制的积弊，便开始逐步推出了榷茶制度和边茶的茶马互市两项重要的国策。

茶马交易

茶马交易，最初见于唐代。但未成定制。就是在宋朝初年，内地向边疆少数民族购买马匹，主要还是用铜钱。但是这些地区的牧民则将卖马的铜钱渐渐用来铸造兵器。因此，宋朝政府从国家安全和货币尊严考虑，在太平兴国八年，正式禁止以铜钱买马，改用布帛、茶叶、药材等来进行物物交换，为了使边贸有序进行，还专门设立了茶马司，茶马司的职责是"掌榷茶之利，以佐邦用；凡市马于四夷，率以茶易之。"《宋史·职官志》)

在茶马互市的政策确立之后，宋朝于今晋、陕、甘、川等地广开马市大量换取吐蕃、回纥、党项等族的优良马匹，用以保卫边疆。到南宋时，茶马互市的机构，相对固定为四川五场、甘肃三场八个地方。四川五场主要用来与西南少数民族交易，甘肃三场均用来与西北少数民族交易。元朝不缺马匹，因而边茶主要以银两和土货交易。到了明代初年，茶马互市再度恢复，一直沿用到清代中期，才渐渐废止。

茶入吐蕃

茶入吐蕃的最早记载是在唐代。唐代对吐蕃影响汉族政权的因素一直非常重视，因为与吐蕃的关系如何，直接影响到丝绸之路的正常贸易，包括长安到西域的路线，及由四川到云南直至境外的路线和区域。因为这些路线和区域都在吐蕃的控制和影响之下。

唐代的文成公主进藏，就是出于安边的目的，于此同时，也将当时先进的物质文明带到了那片苍古的高原。据《西藏日记》记载，文成公主随带物品中就有茶叶和茶种，吐蕃的饮茶习俗也因此得到推广和发展。到了中唐的时候，朝廷使节到吐蕃时，看到当地首领家中已有不少诸如寿州、舒州、顾渚等地的名茶。中唐以后，茶马交易使吐蕃与中原的关系更为密切。

茶入回纥

回纥是唐代西北地区的一个游牧少数民族，唐代时，回纥的商业活动能力很强，长期在长安的就有上千人，回纥与唐的关系较为平和，唐宪宗把女儿太和公主嫁到回纥，玄宗又封裴罗为怀仁可汗。

《新唐书·陆羽传》中载："羽嗜茶，着经三篇，言茶之源、之法、之具尤备，天下益知饮茶矣……其后尚茶成风，时回纥入朝始驱马市茶"。回纥将马匹换来的茶叶等，除了饮用外，还用一部分茶叶与土耳其等阿拉伯国家进行交易，从中获取可观的利润。

茶入西夏和辽

西夏王国建立于宋初，成为西北地区一支强大的势力。西夏国的少数民族主要是由羌族的一支发展而成的党项族。宋朝初期，向党项族购买马匹，是以铜钱支付，而党项族则利用铜钱来铸造兵器，这对宋朝来讲无疑具有潜在的威胁性，因此，在太平兴国八年（公元983年）宋朝就用茶叶等物品来与之作物物交易。

至1038年，西夏元昊称帝，不久便发动了对宋战争，双方损失巨大，不得已而重新修和。但宋王朝的政策软弱，有妥协之意。元昊虽向宋称臣，但宋送给夏的岁币茶叶等，则大大增加，赠茶由原来的数千斤，上涨到数万斤乃至数十万斤之多。

北宋时期，在与西夏周旋的同时，宋朝还要应付东北的契丹国的侵犯。916年阿保机称帝，建契丹国后，以武力夺得幽云十六州，继而改国号称辽。辽军的侵略野心不断扩大，1044年，突进到澶州城下，宋朝急忙组织阻击，双方均未取得战果，对峙不久，双方议和，这就是历史上有名"澶渊之盟"。议和结果是，辽撤兵，宋供岁币入辽，银10万两，绢20万匹。此后，双方在边境地区开展贸易，宋朝用丝织品、稻米、茶叶等换取辽的羊、马、骆驼等。

茶入金

宋政和四年辽天庆四年（1114年），女真族完颜阿骨打以2500人誓师反辽，首战克宁江州（今吉林扶余东石城子），继而大破辽都统萧嗣先于鸭子河（松花江一段），北出河店（今黑龙江肇源西）。时女真兵已有万人。1115年，完颜阿骨打称帝，改名旻，国号大金。

女真建金国后，宋朝便与之夹攻辽，并订下归地协议，1120年金与辽绝，破辽上京临潢府（今内蒙古巴林左旗南），1124年西夏亦向金称臣，1125年，辽亡，金的势力越来越大，原先与宋的一些协议，或大打折扣，或根本不予履行。1125年10月，索性下诏攻宋。1126年金兵逼至黄河北岸，同年闰十一月，京师被攻破，金提出苛刻议和条件，宋钦宗入金营求和，金又迫使宋徽宋、皇子、贵妃等赴金营。最后掳虏徽、钦二宗及后妃宗室等北撤，北宋自此结束。

金朝以武力不断胁迫宋朝的同时，也不断地从宋人那里取得饮茶之法，而且饮茶之风日甚一日。金朝虽然在战场上节节胜利，但是对炽烈的饮茶之风却十分担忧。因为所饮之茶都是来自宋人的岁贡和商贸，而且数量很大。当时，金朝"上下竞啜，农民尤甚，市井茶肆相属"，而文人们饮茶与饮酒已是等量齐观。茶叶消耗量的大增，对金朝的经济利益乃至国防都是不利的。于是，金朝不断地下令禁茶。禁令虽严，但茶风已开，茶饮深入民间。茶饮地位不断提高，如《松漠记闻》载，女真人婚嫁时，酒宴之后，"富者遍建茗，留上客数人啜之，或以粗者煮奶酪"。同时，汉族饮茶文化在金朝文人中的影响也很深，如党怀英所作的《青玉案》词中，对茶文化的内蕴有很准确的把握。

第八章　茶风茶俗

中国各民族饮茶习俗

中国是世界茶叶的故乡，种茶、制茶、饮茶有着悠久的历史。中国又是一个幅员辽阔、民族众多的国家，生活在这个大家庭中各族人民有着各种不同的饮茶习俗，真可谓"历史久远茶故乡，绚丽多姿茶文化。"

擂茶。顾名思义，就是把茶和一些配料放进擂钵里擂碎冲沸水而成擂茶。不过，擂茶有几种，如福建西北部民间的擂茶是用茶叶和适量的乏麻置于特制的陶罐中，用茶木棍研成细末后加滚开水而成；广东的揭阳、普宁等地聚居的客家人所喝的客家擂茶，是把茶叶放进牙钵（为吃擂茶而特制的瓷器）擂成粉末后，加上捣碎的熟花生、芝麻后加上一点盐和香菜，用滚烫的开水冲泡而成而成；湖南的桃花源一带有喝秦人擂茶的特殊习俗。是把茶叶、生姜、生米放到碾钵里擂碎，然后冲上沸水饮用。若能再放点乏麻、细盐进去则滋味更为清香可口。喝秦人擂茅一要趁热，二要慢咽，只有这样才会有"九曲回肠，心旷神怡"之感。

龙虎斗茶。云南西北部深山老林里的兄弟民族，喜欢用开水把茶叶在瓦罐里熬的浓浓的，而后把茶水冲放到事先装有酒的杯子里与酒调和，有时还加上一个辣子，当地人称它为"龙虎斗茶"。喝一杯龙虎斗茶以后，全身便会热乎乎的，睡前喝一杯，醒来会精神抖擞，浑身有力。

竹筒茶。将清毛茶放入特制的竹筒内，在火塘中便烤边捣压，直到竹筒内的茶叶装满并烤干，就剖开竹筒取出茶叶用开水冲泡饮用。竹筒茶既有浓郁的茶香，又有清花的竹香。云南西双版纳的傣族同胞喜欢饮这种茶。

锅帽茶。在锣锅内放入茶叶和几块燃着的木炭，用双手端紧锣锅上下抖动几次，使茶叶和木炭不停地均匀翻滚，等到有屡屡青烟冒出和闻到浓郁的茶香味时，便把茶叶和木炭一起倒出，用筷子快速地把木炭拣出去，再把茶叶倒回锣锅内加水煮几分钟就可以了。布朗族同胞喜欢饮锅帽茶。

盖碗茶。在有盖的碗里同时放入茶叶、碎核桃仁、桂圆肉、红枣、冰糖等等，然后冲如沸水盖好盖子。来客泡盖碗茶一般要在吃饭之前，倒茶是要当面将碗盖揭开，并用双受托碗捧送，以表示对客人的尊敬。沏盖碗茶是回族同胞的饮茶习俗。

婆婆茶：新婚苗族妇女常以婆婆茶招待客人。婆婆茶的作法是：平时将要将去壳的南瓜子和葵花子、晒干切细的香樟树叶尖以及切成细丝的嫩腌生姜放在一起搅拌均匀，储存在容器内备用。要喝茶时，就取一些放入杯中，再以煮好的茶汤冲泡，边饮边用茶匙舀食，这种茶就叫做婆婆茶。

第八章 茶风茶俗

虫茶：它是一种制法奇特、极富民族习俗的特产茶。虫茶是把采摘的茶树鲜叶和部分香树叶混合放在竹篓或大木桶里，浇上淘米水，让其自然发酵。数天后便散发出一种特有的氨气味，这种气味会招引"化香夜蛾"的昆虫成群来此安家落户，生育繁衍。它的幼虫特别喜食腐烂的茶叶和香树叶，并排出一粒粒比菜籽还小的虫屎。把这种虫屎收集起来晒干便是虫茶。饮用虫茶时要先在杯中倒入开水，后放入适量虫茶，盖好杯盖。虫茶粒先漂浮在水面，待其缓缓下沉到杯底并开始溶化时即可饮用。虫茶泡出的汤清香宜人，沁人心肺。饮之令人顿感心旷神怡。湖南城步苗族自治县五岭山区的苗族同胞尤爱饮虫茶，所以虫茶又叫城步虫茶，它是一种速溶性饮料。

腌茶：即把新茶叶放在大缸里，撒上适量的盐，然后用石块压紧盖好，经过数月后（一般是三个月）再拿出来饮用。此茶香气和滋味都别有风味，由于像腌白菜一样，所以叫腌茶。部分彝族同胞爱喝。

砂罐茶：把冲洗干净的小砂罐置于火塘旁烘烤，等砂罐烤温热了，再把茶叶放进去，手握砂罐在火上慢慢摇晃，等砂罐内的茶叶散发出悦鼻的馨香时，便可将滚开水冲进砂罐里，盖上罐盖，闷上三分钟，砂罐茶便沏成了。我国三峡一带的老百姓醉心于砂罐茶，他们觉得只有喝这种茶才够味，才过瘾，喝后五脏六腑都熨贴，无比畅快。

三道茶：分三次用不同的配料泡茶，风味各异，概括为头苦二甜三回味，头道茶为苦茶，把茶叶放入小陶罐中用小火烤至微黄并有清香味时，再向茶罐内冲入沸水，泡成浓酽的茶汁倒入杯中饮用，此茶味浓且苦，故称苦茶。第二道茶为甜茶，它是和茶叶嫩芽和核桃仁、烤乳扇、冰糖蜜饯或者蜂蜜等用沸热的开水冲泡而成。此茶甜滋滋的，故称甜茶。第三道茶为回味茶，它是用茶叶嫩叶加生姜片、花椒、桂皮末、红糖等用滚烫的开水冲泡而成。此茶麻、辣、甜、苦各味皆有，饮之使人回味，故称回味茶。云南大理的白族同胞爱饮三道茶，并用三道茶待客。三道茶喻示着人生有苦有甜，苦尽甜来，令人回味无穷。小小三道茶折射出白族同胞对人生哲理的悟性。

土锅茶：用土锅或主罐烧水，待水烧开时再把新鲜的茶叶直接放入土锅内或土罐内，并继续加水烧，直至烧到茶汤很浓时为止。哈尼族同胞爱饮这种茶，并称它为"土锅茶"。

酥油茶：藏族同胞特别爱饮酥油茶。酥油茶的一般做法是将茶叶捣碎，在锅中熬煮后，用竹筛滤出茶渣，将茶汁倒入预先放有酥油和食盐的桶内，用打茶工具在桶内不停地搅伴，使酥油充分而均匀溶于茶汁中，然后装入壶内放在微火上以便随时趁热取饮。较高档的酥油茶还得加上事先就炒熟的碎花生米、核桃仁或者糖和鸡蛋。酥油茶既可单独该用也可在吃糌粑或麦丐粑时饮用。

雷响茶：是酥油茶的一种，所不同的是把钻有小孔的鹅卵召烧红，放进装有酥油与茶汁的桶里，桶内茶汁便噼噼吧吧作响，响声过后立即用劲上下抽打，以增强茶汤的浓度及香气和滋味。

盐奶茶：将青砖茶敲碎，取50克左右的茶叶放到能装四五斤水的铜壶或铁祸内，用沸水冲沏后再在微火上煮沸几分钟或直接用冷水煮开，等汤色浓后掺入一二勺奶和一些盐即成盐奶茶。蒙古族和藏族牧民爱喝盐奶茶。他们每天早晨煮一大壶置于微火上，趁热边喝盐奶茶边吃炒米和酪蛋子，一直到吃饱为止。

铁板茶：先把茶叶放在簿铁板或瓦片上面烘烤，待闻到茶香味时再倒入事先已准备好的锅子里熬煮几分钟。这种茶色如琥珀，味酽香高。由于在铁板上烘烤，所以叫铁板茶。佤族同胞爱饮铁板茶。

工夫茶：广东潮州和汕头一带盛行工夫茶。饮功工茶一般以3人为宜，比较考究的是选用宜兴产的小陶壶和白瓷上釉茶杯，这种茶杯口径只有银元大小，如同小酒杯。小陶壶（罐）里装入乌龙茶和水，放在小炭炉或小酒精炉上煮。茶煮好后拿起茶壶在摆成品字形的三个瓷杯上面作圆周运动（当地俗称为"关公巡城"）依次斟满每一个小杯，此时就可以捧起香气四溢的小茶杯慢慢吊尝。饮茶时不能一杯斟满再斟一杯，而要按杯的多少来回轮流顺序斟。因此功夫茶除了泡制要工夫外，饮茶也需要费工夫。无怪乎人们说，没有工夫就莫饮工夫茶。

寄生茶：广西梧州出产一种用老龄茶树的根、茎、叶制而成的茶叫寄生茶。这种茶得用水煮四五十分中后加糖才可饮用，如能加点鸡蛋花则更好。

罐罐茶：将砖茶敲碎成块，取几小块和水一道置于小罐内放在火上熬煮，直到罐内茶汤熬得恨浓很浓，只剩下一二口时停止加热，稍凉后一饮而尽。甘肃省的一些老年人就爱喝这种罐罐茶。

打油茶：贵州的布依族，广西的侗族、苗族同胞都爱喝打油茶。不过,他们的做法略有不同。布依族的打油茶做法是,先把黄豆、玉米、糯米等用油炒熟混合放在茶碗里,然后用油把茶叶炒香后放入少量的姜、葱、盐和水煮,直到沸腾为止,去渣后倒入茶碗里拌匀即成打油茶。布依族同胞有"早茶一盅,一天威风;午茶一盅,劳动轻松;晚茶一盅,全身疏通;一天三盅,雷打不动"之说。而广西侗族、苗族同胞的打油茶做法是,把事先煮熟晒干的糯米(又称阴米)下油锅爆炒好倒进茶碗里,再向碗里放一些熟芝麻、油炸花生米、葱等配料,然后将茶叶、油放入锅内爆炒并不停地用锅铲轻轻敲打,最后加水煮沸,虑出茶渣,把热茶汤冲入茶碗内即成打油茶。侗族有首民谣说:早上喝碗油茶汤,不用医生开药方;晚上喝碗油茶汤,一天劳累全扫光;三天个喝油茶汤,鸡鸭鱼肉也不香"。可见他们对打油茶的酷爱程度。

盐巴茶:将茶饼放入特制的小瓦罐里用火烤香后加水和少量盐炖几分钟,炖出的浓茶汤稍加稀释就可饮用。同时要及时将瓦罐加满水继续炖,直至茶叶消失为止。我国纳西族、傈僳同胞普遍爱饮盐巴茶。

茶与礼仪

我国是礼仪之邦,客来敬茶是我国人民传统的、最常见的礼节。早在古代,不论饮茶的方法如何简陋,但它已成为日常侍客的必备饮料,客人进门,敬上一杯(碗)热茶,即表达了主人的一片盛情。在我国历史上,不论富贵之家或贫困之户,不论上层社会或贫民百姓，莫不以茶为应酬品。

敬茶，不但要讲究茶叶的质量，还要讲究泡茶的艺术。有些时候，有人还有看人"下茶"的习惯。当然，这是不足取的。

相传，清代大书法家、大画家郑板桥去一个寺院，方丈见他衣着俭朴，以为是一般俗客，就冷淡他说了句"坐"，又对小和尚喊"茶！"一经交谈，顿感此人谈吐非凡，就引进厢房，一面说："请坐"，一面吩咐小和尚"敬茶。"又经细谈，得知来人是赫赫有名的扬州八怪之一的郑板桥时，急忙将其请到雅洁清静的方丈室，连声说"请上坐"，并吩咐小和尚"敬香茶。"最后，这个方丈再三恳求郑板桥题词留念，郑板桥思忖了一下，挥笔写了一副对联。上联是"坐，请坐，请上坐"；下联是"茶，敬茶，敬香茶"。方丈一看，羞愧满面，连连向郑板桥施礼，以示歉意。实际上，敬茶是要分对象的，但不是以身份地位，而是应视对方的不同习俗。如是北方人特别是东北人来访。与其敬上一杯上等绿茶，倒不如敬上一杯上等的茉莉花茶，因他们一般喜好喝茉莉花茶。

我国人民重情好客的传统美德在饮茶上表现得淋漓尽致。而且，这种好习俗一直流传到现在。南宋时，临安（现杭州）每年"立夏"之日，家家各烹新茶，并配以诸色细果，馈送亲友比邻，俗称"七家茶"，这种习俗，今日杭州郊区农村还保留着。

我国南方及北方的农村，当新年佳节客人来访时，主人总要先泡一壶茶，然后端上糖果、甜食之类，配饮香茗，以示祝愿新年甜美。我国边疆的少数民族待客十分诚挚，礼仪十分讲究。你到蒙古包去做客即或是主人来访，主人都会躬身迎接，让出最好的铺位，献上香美的奶茶、糖果、点心。你到布朗族村寨去做客,主人会用清茶、花主、烤红薯等来款待你。另外,在饮茶习俗上,除了用于招待偶然来访之客外,也用于正式的宴会。

饭前饮茶、寒暄,饭后又继续饮茶叙谈,借茶表意,其乐无穷。

进入现代,敬茶习俗比古代简便了,特别是在茶具上比过去简化了。茶具多用有盖的瓷杯或无盖的玻璃杯,来客人数较多时,茶泡在瓷壶里,然后一一倾入茶杯,一人一杯,各自品尝。在个别地方,也有采用特制小壶的,一人一壶,独自品饮。

在国外,客来敬茶也早已成为普遍的习俗。中国的饮茶习俗对国外曾产生一定影响。日本人一如中国人,对茶都很喜爱,日本民间以茶待客十分讲究礼仪,并形成"茶道"。一般是用粉状的碾茶放于"急须"(即茶壶)中,经热水冲泡后倾入一种特制的空茶碗饮用,并佐以糕饼等食品,以对客人表示敬意。在荷兰、英国、美国、法国等,以茶敬客也是最普遍、最常见的礼节。

茶与婚姻

我国地域辽阔、民族众多,各民族不同的生活习俗构成了多姿多彩的茶与婚俗趣话。

云南拉枯族人,栽茶是好手,评茶也是专家。当男方去女方家求婚时,必须带上一包茶叶、两只茶罐及两套茶具。而女方家长以男方送来的"求婚茶"质量的优劣,作为了解男方劳动本领高低的

第八章
茶风茶俗

主要依据。因此，茶叶质量的好坏就成为青年男、女互相爱慕的先决条件。

在云南西双版纳的布朗族，举行婚礼的这一天，男方派一对夫妇接亲，女方则派一对夫妇送亲。女方父母给女儿的嫁妆中有茶树、竹篷、铁锅、红布、公鸡、母鸡等。不管穷富人家，在给女儿的嫁妆中，茶树是必不能少的。

藏族人民把茶叶作为婚姻的珍贵礼品。藏民结婚必须熬出大量色泽红浓的酥油茶来招待宾客，并要由新娘亲自斟茶，以此象征幸福美满、恩爱情深，这种古朴风俗一直沿袭至今。

在湖南绥宁苗家，有一种"万花茶"，是苗家男女青年恋爱的"媒人"。当小伙子来到姑娘家求婚时，姑娘会向他捧出一杯"万花茶"来，若姑娘对婚事中意，小伙儿的茶杯里会有四片"花"：两片并蒂荷花、两片对鸣喜鹊；如果姑娘对小伙子不满意，那杯中只有三片"花"而且都是单花独鸟。这万花茶中的"花"是姑娘们每年在秋收季节，用冬瓜片、橙子皮等精心雕成的。

广西瑶族自治县聚居在茶山的瑶族兄弟的婚礼是"一杯清茶一堆火"，娶亲的一方家里由最年长的人迎接新人，只备一杯清茶、一个烧得旺旺的火堆，婚礼就是由长者给新人奉茶并致吉祥祝辞，便告完婚。

在贵州侗族，当男女婚姻由双方父母决定后，如果姑娘不愿意，可以用退茶的方式退婚。具体做法是，姑娘悄悄包好一包茶叶，选择一个适当的机会亲自送到男方家中，对男方的父母说："舅舅、舅娘，我没有福份来服侍两位老人家，请另找好媳妇吧！"

说完，就把茶叶放在堂屋的桌子上，然后离开，这门亲事就这样给退掉了。

在辽宁、内蒙古一带的撒拉族，男方请媒人说亲，经女方家长或姑娘同意后，双方便择定吉日由媒人向女方家送"订婚茶"。订婚茶一般是2千克，分成两包，另外，还要加一对耳坠以及其它礼品。

居住在苍山脚下的白族同胞，从订婚到结婚这段时间，他们都必须以茶代礼，而且在举行婚礼的那天，对前来闹洞房的人，新郎新娘都得一一敬上三道茶。第1道称"苦茶"，是将茶叶放入烤热的砂罐中，待烤至茶叶色泽由绿转黄，且发出焦香时，注入烧沸的开水，随即取浓茶汤饮用，此茶虽香，味却苦涩，"苦茶"之名由此而来；第2道是"甜茶"，由核桃仁、红糖加茶水冲泡而成；第3道叫"回味茶"，茶水中加蜜糖和花椒调制而成。三道茶"一苦二甜三回味"，寓意着生活的甘苦及主人的美好情意。三道茶献罢，方可闹房，否则会被人视为不受欢迎而使婚礼不欢而散。

上海市郊一些地方，还有一种"吃糖茶"的婚俗。凡婚娶人家，在新娘过门之时，婆家须先敬一杯放入爆米花的糖茶，然后再沏一碗江南名茶，以示对新娘的盛情款待。

茶与祭祀

在我国五彩缤纷的民间习俗中，"茶"与丧祭的关系也是十分密切的。"无茶不在丧"的观念，在中华祭祀礼仪中根深蒂固。

祭祀用茶早在南北朝时梁朝萧子显撰写的《南齐书》中就有记载：齐武帝萧颐永明十一年在遗诏中称："我灵上慎勿以牲为祭，唯设饼果、茶饮、干饭、酒脯而已。"

以茶为祭，可祭天、地、神、佛，也可祭鬼魂，这就与丧葬习俗发生了密切的联系。上到皇宫贵族，下至庶民百姓，在祭祀中都离不开清香芬芳的茶叶。茶叶不是达官贵人才能独享，用茶叶祭扫也不是皇室的专利。无论是汉族，还是少数民族，都在较大程度上保留着以茶祭祀祖宗神灵，用茶陪丧的古老风俗。

用茶作祭，一般有三种方式：以茶水为祭，放干茶为祭，只将茶壶、茶盅象征茶叶为祭。

在我国清代，宫廷祭祀祖陵时必用茶叶。据载同治十年（1871年）冬至大祭时即有"松罗茶叶十三两"记载。在光绪五年（1879年）岁暮大祭的祭品中也有"松罗茶叶二斤"的记述。而在我国民间则历来流传以"三茶六酒"（三杯茶、六杯酒）和"清茶四果"作为丧葬中祭品的习俗。如在我国广东、江西一带，清明祭祖扫墓时，就有将一包茶叶与其它祭品一起摆放于坟前，或在坟前斟上三杯茶水，祭祀先人的习俗。茶叶还作为随葬品。从长沙马王堆西汉古墓的发掘中已经知道，我国早在2100多年前已将茶叶作为随葬物品。因古人认为茶叶有"洁净、干燥"作用，茶叶随葬有利于墓穴吸收异味、有利于遗体保存。

历古以来，我国都有在死者手中放置一包茶叶的习俗。像安徽寿县地区，人们认为人死后必经"孟婆亭"饮"迷魂汤"，故成殓时，须用茶叶一包，并拌以土灰置于死者手中，这样死者的灵魂过孟婆亭时即可以不饮迷魂汤了。而浙江地区为让死者不饮迷魂汤（又称"孟婆汤"），则于死者临终前除口衔银锭外，要先用甘露叶作成一菱形状的附葬品（模拟"水红菱"），再在死者手中置茶叶一包。认为死者有此两物，死后如口渴，有甘露、红菱，即可不饮迷魂汤。原来在封建迷信中，人死后要被阴间鬼役驱至"孟婆亭"灌饮迷魂汤，目的是为了让死者忘却人间旧事，甚而要将死者导入迷津备受欺凌或服苦役，而饮茶后则可以让"死者清醒"，保持理智而不受鬼役蒙骗。故茶叶成为重要的随葬品。

茶在我国的丧葬习俗中，还成为重要的"信物"。在我国湖南地区，旧时盛行棺木葬时，死者的枕头要用茶叶作为填充料，称为"茶叶枕头"。茶叶枕头的枕套用白布制作，呈三角形状，内部用茶叶灌满填充（大多用粗茶叶）。死者枕茶叶枕头的寓意，一是死者至阴曹地府要喝茶时，可随时"取出泡茶"；一是茶叶放置棺木内，可消除异味。在我国江苏的有些地区，则在死者入殓时，先在棺材底撒上一层茶叶、米粒。至出殡盖棺时再撒上一层茶叶、米粒，其用意主要是起干燥、除味作用，有利于遗体的保存。

丧葬时用茶叶，大多是为死者而备，但我国福建福安地区却有为活人而备茶叶，悬挂"龙籽袋"的习俗。旧时福安地区，凡家中有人亡故，都得清风水先生看风水，选择"宝地"后再挖穴埋葬。在棺木入穴前，由风水先生在地穴里铺上地毯，口中则念念有词。这时香火绕缭，鞭炮声起，风水先生就将一把把茶叶、豆子、谷子、芝麻及竹钉、钱币等撒在穴中的地毯上，再由亡者家属将撒在地毯上的东西收集起来，用布袋装好，封好口，悬挂在家中楼梁式木仓内长久保存，名为"龙籽袋"。龙籽袋据说象征死者留给家属的"财富"。其寓意是，茶叶历来是吉祥之物，能"驱妖除魔"，并保佑死者的子孙"消灾祛病"、"人丁兴旺"，豆和谷子等则象征后代"五谷丰登"、"六畜兴旺"；钱币等则示后代子孙享有"金银钱物"、"财源茂盛"、"吃穿不愁"。

第九章 茶苑文艺

茶谚诗词

中国经典茶诗

在我国数以千计的茶诗、茶词中,各种诗词体裁一应俱全,有五古、七古;有五律、七律、排律;有五绝、六绝、七绝,还有不少在诗海中所见甚少的体裁,在茶诗中同样可以找到。

寓言诗

采用寓言形式写诗,读来引人联想,发人深思。这首茶寓言诗,记载在一本清代的笔记小说上,写的是茶、酒、水的"对阵",诗一开头,由茶对酒发话:"战退睡魔功不少,助战吟兴更堪夸。亡国败家皆因酒,待客如何只饮茶?"酒针锋相对答曰:"摇台紫府荐琼浆,息讼和亲意味长。祭礼筵席先用我,可曾说着谈黄汤。"这里说的黄汤,实则是贬指茶水。水听了茶与酒的对话,就插嘴道:"汲井烹茶归石鼎,引泉酿酒注银瓶。两家且莫争闲气,无我调和总不成!"

宝塔诗

唐代诗人元稹,官居同中书门下平章事,与白居易交好,常常以诗唱和,所以人称"元白"。元稹有一首宝塔诗,题名《一字至七字诗·茶》,此种体裁,不但在茶诗中颇为少见,就是在其它诗中也是不可多得的。诗曰:

茶,
香叶,嫩芽,
慕诗客,爱僧家。
碾雕白玉,罗织红纱。
铫煎黄蕊色,碗转曲尘花。
夜后邀陪明月,晨前命对朝霞。
洗尽古今人不倦,将至醉后岂堪夸。

回文诗

回文诗中的字句回环往复,读之都成篇章,而且意义相同。北宋文学家、书画家苏轼,是唐宋八大家之一。他一生写过茶诗几十首,而用回文写茶诗,也算是苏氏的一绝。在题名为《记梦回文二首并叙》诗的叙中,苏轼写道:"十二月十五日,大雪始晴,梦人以雪水烹小团茶,使美人歌以饮余,梦中为作回文诗,觉而记其一句云:乱点余花睡碧衫,意用飞燕唾花故事也。乃续之,为二绝句云。"从"叙"中可知苏东坡真是一位茶迷,竟连做梦也在饮茶,

怪不得他自称"爱茶人",此事一直成为后人的趣谈。诗曰:

酡颜玉碗捧纤纤,乱点余花睡碧衫。

歌咽水云凝静院,梦惊松雪落空岩。

空花落尽酒倾缸,日上山融雪涨江。

红焙浅瓯新火活,龙团小碾斗晴窗。

诗中字句,顺读倒读,都成篇章,而且意义相同。苏轼用回文诗咏茶,这在数以千计的茶诗中,实属罕见。

联句诗

联句是旧时作诗的一种方式,几个人共作一首诗,但需意思联贯,相连成章。在唐代茶诗中,有一首题为《五言月夜啜茶联句》,是由六位作者共同作成的。他们是:颜真卿,著名书画家,京兆万年(陕西西安)人,官居吏部尚书,封为鲁国公,人称"颜鲁公";陆士修,嘉兴(今属浙江省)县尉;张荐,深州陆泽(今河北深县)人,工文辞,任吏官修撰;李萼,赵人,官居庐州刺史;崔万,生平不详;昼,即僧皎然。诗曰:

泛花邀坐客,代饮引情言(士修)。

醒酒宜华席,留僧想独园(荐),

不须攀月桂,何假树庭萱(萼)。

御史秋风劲,尚书北斗尊(崔万)。

流华净肌骨,疏瀹涤心原(真卿)。

不似春醪醉,何辞绿菽繁(昼)。

素瓷传静夜,芳气满闲轩(士修)。

这首啜茶联句,由六人共作,其中陆士修作首尾两句,这样总共七句。作者为了别出心裁，用了许多与啜茶有关的代名词。如陆士修用"代饮"比喻以饮茶代饮酒；张荐用的"华宴"借指茶宴；颜真卿用"流华"借指饮茶。因为诗中说的是月夜啜茶，所以还用了"月桂"这个词。用联句来咏茶，这在茶诗中也是少见的。

唱和诗

在数以千计的茶诗中，皮日休和陆龟蒙的唱和诗，可谓别具一格，在咏茶诗中也属少见。

皮日休，唐代文学家，襄阳（今湖北襄樊市）人，曾任翰林学士。陆龟蒙，唐代文学家，长洲（今江苏吴县）人，曾任苏湖两都从事。两人十分知己，都有爱茶雅好，经常作文和诗，因此，人称"皮陆"。他们写有《茶中杂咏》唱和诗各十首，内容包括《茶坞》、《茶人》、《茶笋》、《茶籝》、《茶舍》、《茶灶》、《茶焙》、《茶鼎》、《茶瓯》和《煮茶》等，对茶的史料，茶乡风情，茶农疾苦，直至茶具和煮茶都有具体的描述，可谓一份珍贵的茶叶文献。

民间茶谚知多少

神农遇毒，得茶而解。
壶中日月，养性延年。
苦茶久饮，可以益思。
夏季宜饮绿，冬季宜饮红，春秋两季宜饮花。
冬饮可御寒，夏饮去暑烦。
饮茶有益，消食解腻。

好茶一杯，精神百倍。

茶水喝足，百病可除。

淡茶温饮，清香养人。

苦茶久饮，明目清心。

不喝隔夜茶，不喝过量酒。

午茶助精神，晚茶导不眠。

吃饭勿过饱，喝茶勿过浓。

烫茶伤人，姜茶治痢，糖茶和胃。

药为各病之药，茶为万病之药。

空腹茶心慌，晚茶难入寐，烫茶伤五内，温茶保年岁。

投茶有序，先茶后汤。

清茶一杯在手，能解疾病与忧愁。

早茶晚酒。

酒吃头杯，茶吃二盏。

好茶不怕细品。

茶吃后来酽。

常喝茶，少烂牙。

春茶苦，夏茶涩；要好喝，秋露白。

隔夜茶，毒如蛇。

肚子里没有病，喝茶也会胖起来。

龙井茶叶虎跑水。

名（草头名）壶莫妙于紫砂。

洞庭湖中君山茶。

茶与生活民谚一览

宁可一日无食,不可一日无茶。(藏、蒙)

一日无茶则滞,三日无茶则病。(藏、蒙)

宁可三天无油盐,不可一日不喝茶。(藏)

茶叶两头尖,价格时时变。

茶是草,客是宝,得罪茶商不得了。

二两茶叶一斤盐,斤半茶叶有衣穿,改善生活在眼前;一斤茶叶十斤钢,四斤茶叶百斤粮,建设祖国富双强。

吃饭靠禾蔸,用钱靠茶蔸。(湖南湘潭)

茶是露水财,不肥自己来。

男耕田,女采茶,老婆婆带娃娃,不荒一丘田,不老一蔸茶。

清晨一杯茶,饿死卖药家。(广东)

年头三盅茶,客符药店材无交家。(福建福安)

东南路里水泡茶,城西两路罐罐茶,北路河里油炒茶。(陕西汉中地区略阳)

勤俭姑娘,鸡鸣起床,梳头洗面,先煮茶汤。(赣南客家)

早茶晚酒黎明亮。(深圳)

茶好客自来。(深圳)

好茶一杯,不用请医家。(广州)

茶逢知己千杯少,壶中共抛一片心。(指广州老茶客,一盅在手,互诉心曲)

妇水夫茶。(江西袁陵)

君子之交淡如水，茶人之交醇如茶。

早晨开门七件事：柴米油盐酱醋茶。

平地人不离糍粑，高山人不离苦茶。（湖南江华）

客来敬茶。

一天三餐油茶汤，一餐不吃心里慌。（鄂西土家族、苗族自治州）

好茶敬上宾，次茶等常客。

客从远方来，多以茶相待。

清茶一杯，亲密无间。

宁可一日无油盐，不可一日无茶。

饭后一杯茶。

头苦二甜三回味。（云南白族三道茶）

贵客进屋三杯茶。（侗族）

若要富，种茶树。（云南华坪县傈族、勐海县傣族）

萝卜就热茶，闲得大夫腿发麻。

古蔺罐儿茶好喝，麻辣鸡好吃。（四川、古蔺）

不喝一碗擂茶，枉到桃花源。（湖南桃源）

欧洲人喜欢喝红茶，非洲人喜欢喝绿茶，香港人喜欢普洱茶和六安茶，京津人喜欢花茶，上海人爱喝龙井茶。

若要山区富，茶园单产下工夫。（浙江）

若要富、种茶树，茶树是棵摇钱树。（云南凤庆）

早晨三杯茶，郎中饿得爬。（湘西城步苗族，意为主人要敬客人四碗茶，四季平安）

喝别人烤的茶不过瘾。（彝族烤茶）

白天皮包水,晚上水包皮。(江南一带茶馆)

无茶不成仪。

烟酒是亲家,烟茶是冤家。

茶与茶联

中国民间茶联精选

淡中有味茶偏好,清茗一杯情更真。

陆羽摇头去,卢仝拍手来。

四大皆空,坐片时何分尔我;两头是路,吃一盏各分东西。

来不请,去不辞,无束无拘方便地;烟自抽,茶自酌,说长说短自由天。

四海咸来不速客,一堂相聚知音人。

春共山中采,香宜竹里煎。

扫雪应凭陶学士,辨泉犹待陆仙人。

空袭无常,盅客茶资先付;官方有令,国防秘密休谈。(抗战时重庆一茶馆联)

茶香飘四海,友谊播九州岛。

茶敬客来茶当酒,云山云去云作车。

忙什么?喝我这雀舌茶,百文一碗;走哪里?听他摆龙门阵,再饮三盅。

客至心常热,人走茶不凉。
瑞草抽芽分雀舌,名花采蕊结龙团。
扬子江中水,蒙山顶上茶。
陆羽闲说常品茗,元龙豪气快登楼。
茶香高山云雾质,水甜幽泉霜雪魂。
雀舌未经三月雨,龙芽已点上时春。
幽借山头云雾质,香分岩面蕙兰魂。
酒醉英雄汉,茶引博士文。
喝口清茶方解渴,吃些糕点又充饥。
嘻嘻哈哈喝茶,叽叽咕咕谈心。
心随流水去,身与白云闲。
难怪西山春茶好,只缘多情采茶人。
绿丛遍山野,户户有茶香。
坐观楼百尺,三面种新茶。
小径山茶绿,疏离木槿红。
樵歌已向平桥度,好理藤床焙早茶。
卖茶客渡回风岭,驱犊人耕活水田。
羹香怀帝德,茶色虑民灾。
水流清影通茶灶,风递幽香入酒筵。
瓦罐煎茶烧树叶,石泉流水洗椰瓢。
高山出名茶,名茶在中华。
洞庭碧螺春,茶香百里醉。
洞庭帝子春长恨,二千年来草更香。
六安精品药效高,消食解毒去疲劳。

茶香味浓难比毛尖，西湖龙井茶中之美。

旧谱最称蒙顶茶，霞芽云腴胜醍醐。

琴里知闻唯绿水，茶中帮旧是蒙山。

活火烹泉价增卢陆，春风啜茗谱品旗枪。

陆羽谱经卢仝解渴，武夷选品顾渚分香。

阳羡春茶杯杯好，兰陵美酒盏盏香。

酒醇、饭香、茶浓；花鲜、月明、人寿。

香分花上露，水吸石中泉。

尘滤一时净，清风两腋生。

泉香好解相如渴，火红闲评坡老诗。

采向雨前，烹宜竹里；经翻陆羽，歌记卢仝。

半榻梦刚回，活火初煎新涧水；一帘春欲暮，茶烟细杨落花风。

十载许句留，与西湖有缘，乃尝此水；千秋同俯仰，唯青山不老，如见故人。

阳羡春茶瑶草碧，兰陵美酒郁金香。

饮茶思源，何曾望极；吃菇念树，岂可忘恩。

翠叶烟腾冰碗碧，绿芽光照玉瓯清。

松涛烹雪醒诗梦，竹院浮烟荡俗坐。

为品清香频入座，欢同知心细谈心。

喜报捷音一壶春暖，畅谈国事两腋生风。

佳肴无肉亦可，雅谈离茶难成。

借得梅上雪，煎茶别有香。

扫来竹叶烹茶叶，挖得松根煮菜根。

此地千古茶国，满城都是君子。

寻味君子知味来，伴香雅士携香去。

壶在心中天在壶，心在壶中地在心。

茶字草木人人茶茶人，品者三口德德品品德。

官为七品不如一壶可品，才高八斗怎抵一池万斗。

始皇明月照青陵，茶心原在一杯中。

来路可数歇一刻知味，前途无量品一杯何妨。

碧泉涌出山腹事，玉壶映进苍天心。

淡酒邀明月，香茶迎故人。

冰冷酒，一点水，两点水，三点水，丁香茶，百人头，千人头，万人头。

沽酒客来风亦醉，买茶人去路还香。

喜辞旧岁，春风梳柳；笑迎新春，苗润茶新。

松风煮茗，竹雨谈诗。

青山起新居，绿水映茶园。

铁石梅花气概，山川香茶风流。

淡饭粗茶有真味，明窗净几是安居。

水抱山环新屋绕园林茶趣，春华秋实生活胜城市风光。

鸿雁贺喜衔柳枝，春风迎亲带茶香。

茗苑寄来曾怜黔娄梦白，蓉城逆去又悲汝士升仙。

一杯茶一支烟一张报纸混日子，半个心半点意半瓶墨水度终生。

千树梨花几壶茶，一庄水竹数房书。

茶煮三江水柔情似水，烟飞万里霞笑态如霞。

第九章 茶苑文艺

茶开千里市市场繁荣，酒醉五湖春春光明媚。
茶为山藏富富贵齐天，酒催豪客歌歌唱盛世。
饭热茶热八方客常暖，茶好汤好世季店如春。
名苑清风仙曲妙，石潭秋水道心空。
人上人制茶中茶，山外山出味中味。
茶中茶制人上人，味中味出山外山。
鸡鸣院内茶，白鹤井中水。
美酒千杯成知已，清茶一盏能醉人。
莫道醉人唯美酒，茶香入心亦醉人。
名山名寺共名茶，水碧山青茶更佳。
人间何处是仙境？春山携枝采茶时。
山实东吴秀，花称瑞草魁。
从来名士能评水，自古高僧爱斗茶。
春茶一杯依旧，桃符万户更新。
柳井有泉好作饮，君山无处不宜茶。
春其山中采，香宜竹里煎。
凝成云雾顶，飘出晨露香。
客到座中宜数碗，水是人间第一泉。
为爱清香频入座，欣同知已细谈心。
只缘清香成清趣，全因浓酽有浓情。
菜在街面摊卖，茶在壶中吐香。
看水浒想喝大碗酒，读红楼举杯思品茶。

妙趣横生的茶联

中国是茶的故乡。古往今来,在茶亭、茶室、茶楼、茶馆和茶社常可见到以茶事为内容的茶联。茶联,堪称中国楹联宝库中的一枝奇葩,它不但有古朴典雅之美,而且有妙不可言之趣。

杭州的"茶人之家"在正门门柱上,悬有一副茶联:

一杯春露暂留客,

两腋清风几欲仙。

联中既道明了以茶留客,又说出了用茶清心和飘飘欲仙之感。进得前厅入院,在会客室的门前木柱上,又挂有一联:

得与天下同其乐,

不可一日无此君。

这副茶联,并无"茶"字。但一看便知,它道出了人们对茶叶的共同爱好,以及主人"以茶会友"的热切心情。使人读来,大有"此地无茶胜有茶"之感。在陈列室的门庭上,又有另一联道:

龙团雀舌香自幽谷,

鼎彝玉盏灿若烟霞。

联中措辞含蓄,点出了名茶,名具,使人未曾观赏,已有如入宝山之感。

浙江杭州西湖龙井有一茶室,名曰"秀翠堂"。门前柱有一副茶联:"泉从石出情宜冽,茶自峰生味更圆。"该联把龙井特有的茶、泉、情、味点了出来,起到了妙不可言的广告作用。

扬州有一家富春茶社的茶联也很有特色,直言:

佳肴无肉亦可；

雅淡离我难成。

当年绍兴的驻跸岭茶亭曾挂过一副茶联，曰：

一掬甘泉好把清凉洗热客，

两头岭路须将危险话行人。

此联语意深刻，既有甘泉香茗给行路人带来的一份惬意，也有人生旅途的几分艰辛。

广州著名的茶楼"陶陶居"有这样一副茶联："陶潜善饮，易牙善烹，饮烹有度；陶侃惜分，夏禹惜寸，分寸无遗。"联中用了四个典故，即陶潜善饮、易牙善烹、陶侃惜分、夏禹惜寸，巧妙地把茶楼的沏茶技艺、经营特色和高尚道德恰如其分地表露出来。该联旨在劝戒世人饮食应有度，要珍惜时光，不要蹉跎岁月。

广东珠海市南山山径的茶亭悬挂一副茶联："山好好，水好好，入亭一笑无烦恼；来匆匆，去匆匆，饮茶几杯各西东。"

四川成都早年有家茶馆，兼营酒铺，店主请一位当地才子撰写了一副茶酒联，镌刻于馆门两侧："为名忙，为利忙，忙里偷闲，且喝一杯茶去；劳心苦，劳力苦，苦中作乐，再倒一杯酒来。"此类对联，平易亲切，意蕴深厚，教人淡泊名利，陶冶情操，使人雅俗共赏，交口相传，令众多顾客慕名前往。

福建泉州市有家小而雅的茶室，其茶联很别致："小天地，大场合，让我一席；论英雄，谈古今，喝它几杯。"此联平仄工整，对仗严谨，上下纵横，气魄非凡，令人拍案叫绝。

湖北宜城两家茶店有两副别具一格的茶联："吸烟有害，花钱买病；饮茶有益，醒脑提神。"、"送茶送水，热情备至；问寒问暖，体贴入微。"前者以关心健康取悦顾客,后者以优质服务招徕客人,虽然角度有所不同,但其中所蕴藏的生财之道,却有异曲同工之妙。

江苏南京市雨花台茶社的茶联别有情趣:"独携天上小团月;来试人间第二泉。"联中的"小团月"为茶名,名茶名泉,相得益彰。"扬州八怪"之一的郑板桥曾为一家会客室门柱上书一茶联:"得与天下同其乐,不可一日无此君。"联中虽无一个"茶"字,但让人读来,大有"此处无茶胜有茶"之感。

最有趣的恐怕要数这样一副回文茶联:"趣言能适意,茶品可清心。"倒读则为:"心清可品茶,意适能言趣。"前后对照,意境非同,文采娱人,别具情趣,不失为茶联中的上乘精品。

茶戏歌舞

赣南采茶戏简介

赣南采茶戏是著名的客家戏,它源于赣南一些地方的民间歌舞采茶灯。明代中后期逐步发展成为"茶灯戏"。

赣南自古盛产名茶,安远九龙山茶为清朝贡品。每年阳春三月,九州岛八府的茶商,云集于九龙,采购春茶。靓丽采茶女边唱采茶歌,歌声此起彼伏,一唱采茶歌,歌声此起伏,一唱众和。茶业发展,采茶歌也不断流传与发展。早在明万历年间,《插秧采茶歌》已进入了绅吏的"大雅之堂"。据石城崖岭《熊氏大修谱》记载:"每月夕花晨,座上常满,酒半酣则率小奚唱《插秧采茶歌》,自击竹附和,声呜呜然;撼户牖。时有联唱《十二月采茶歌》。此后,始源于同为客家人大本营-闽粤赣主要组成部分之一的粤东的采茶灯传入赣南,其与九龙茶区民间灯彩结合,演变成有简单情节与人物歌舞动作结合的采茶小戏《姐妹摘茶》。后经改编并加入纸扇等道具,创造了《卖茶》、《板凳龙》等剧目。剧中人物演变为二量一丑,即"三角班"。继而发展到有十三场、四十多折、十余人演出的《九龙山摘茶》等茶灯戏剧,采茶灯演变成了赣南采茶戏。这种由民间歌舞发展而成的戏种,具有浓厚的生活气息,鲜明的地方特色,以及欢快的载歌载舞的演出形式,因此获得迅速发展。

台湾三脚采茶戏

三脚采茶戏是客家地区最为人熟悉的小戏,另外尚有其它的小戏,如相褒戏和抛采茶;三脚采茶戏的形式由大陆传过来,因所有故事场景都仅由二旦一丑呈现,故名"三脚",在台湾所演出的戏码,多离不开"张三郎卖茶"的故事情节,因为剧情涉及采茶、卖茶,因此习惯称之"三脚采茶"。最初三脚采茶班的成员完全是男性,每个不到十人的小团体,在北部客家地区游走于各个客家乡民聚落,不搭戏台,不备砌末,在旷地广场里卖艺赚取赏钱,跑江湖,称为"落地扫"。

由客家山歌演变成三脚采茶戏经改良戏时期,再到采茶戏广播节目时期的王禄仔卖药型态,到今天的文化场(民间对政府文教预算补助演出活动的说法），其间三脚采茶戏表演的音乐及基本故事内容变化并不大（不断改变的是表演的空间环境与观众），还是只有简单的人物、故事情节和丰富的客家民谣。

三脚采茶戏中以一个茶郎的故事为轴，形成各个小段戏出，主要有上山采茶、送郎、粂酒、茶郎回家等几出；其余像桃花过渡、十送金钗、抛采茶、扛茶等几出则是另外再由茶郎的故事衍生而来，如扛茶则是粂酒再发展出来的，另外像病子、问卜、公背婆、开金扇、初一朝、闹五更、苦力娘等则是以这种情节发展模式另外而成。

经历过改良戏时期，三脚采茶戏在采茶戏广播节目时期中，当时不论采茶戏广播节目，或在外促销药品的露天表演，所用的音乐伴奏乐器编制，和当时其它大戏所用乐器组合多已大致相同，也是以壳弦为主要的旋律伴奏乐器，另外以和弦（帕士）、大广弦、扬琴、笛为副；再加上一组打击乐器提点戏剧进行节奏。

戏剧进行中，打击乐器所用锣鼓点虽借自其它剧种，但演员所唱仍以客家民谣为主，且每出不同的段子多只用几种民谣曲调，并以其中一种为名，有的以该段出名为其中某一曲调之名。这些许多同时是剧名的民谣，多是在三脚采茶戏这种小戏出现之后才渐渐发展出来的地方小调，当然其中也有相当古老，传播区域相当广，不限于只在客家地区流传的小调民谣，或发展时间到相当晚近之后才成型的新歌谣。

至于原在山野中传唱的山歌，被吸纳到三脚采茶戏中，除曲调原般外，歌词与音乐性格也进行了改变，不但降低原本环境中所特有的歌词即兴和随兴的曲调节奏特征，原本不用伴奏的歌唱乃式，也加入乐器伴奏扩大音色上的变话,以适应戏剧表演加强效果;如老山歌、老腔山歌等皆是。另外客家民歌中的平板,除运用在三脚采茶戏,同时也使用于单人故事说唱或劝世文演唱的江湖卖艺表演。

祁门采茶戏

流传于祁门县的一带的地方剧种。源自江西,原名叫"饶河调"。清初流传至闪里、历口、奇岭等地,经过老艺人的继承和发展,形成具有茶乡特色的祁门采茶戏。采茶戏曲调优美,有西皮、唢呐皮、二凡、反二凡、拨子、秦腔、高二凡吹腔、文词、南词、北词、花调等数十种。

黄梅采茶戏

黄梅县的紫云,龙坪,多云等山区,早在唐宋时就盛产茶叶。每年春天采茶时,茶农们习惯于一边采茶一边唱着山歌小调和民歌。就在这种漫山遍野歌声不绝之中,黄梅采茶戏孕育成熟。

黄梅采茶戏在自身不断地发展过程中,积极向外地拓展,约清朝康熙,乾隆年间,黄梅采茶戏随着黄梅县的逃荒难民和说书艺人大量入赣而流传到安徽,并形成成熟的黄梅戏。

阳新采茶戏

阳新采茶戏,至今已两三百多年的历史。早在清康熙年间(1662年–1722年),阳新就出现茶歌和民歌小调为唱腔的"花灯戏",这是采茶戏的雏形。

在"花灯戏"发展为"采茶戏"的过程中,黄梅戏和汉剧的传入,在道白、表演、板式等方面给予阳新采茶戏很多影响,至清咸丰年间(1851年-1861年),它已成为独具风格、行当齐全的地方剧种,剧目多达一百多个,还涌现出如李盛满、徐世怀、陈新岩等名演员。

阳新采茶戏音乐由正腔、彩调、击乐构成,正腔包括"北腔"、"汉腔"、"叹腔"、"四平"等,可塑性大,板式变化多,表现力强。彩调节奏明快,包括民歌、灯歌、田歌以及从说唱音乐中吸收过来的道情。

采茶戏的演唱形式是"时唱时和,锣鼓伴奏",唱、做、念、打融为一体,配合默契。

民间茶俗歌谣

民间茶俗歌谣为人们在茶事活动中对生产生活的直接感受,其形式简短,通俗易唱,喻意颇为深刻,内容有农作歌、佛句歌、仪式丧礼歌、生活歌、情歌等。四川民间茶俗歌谣十分丰富,具有巴蜀文化的特色。

农作耕耘的薅秧茶歌

《送茶歌》:"大田栽秧排对排,望见幺姑送茶来。只要幺姑心肠好,二天送你大花鞋"。"青青桑叶采一篮,竹心芦根配齐全。还有大娘心一片,熬成香茶送下田"。《薅秧歌》:"太阳斜挂照胸怀,主家幺姑送茶来。又送茶来以又送酒,这些主人哪里有"。四川农村薅秧有送茶送酒送盐蛋的习俗,农民边薅边唱歌是川西坝子"吼山歌"的重要形式。

生活茶俗歌

反映社会底层人生活辛劳的茶俗歌谣有《茶堂馆》:"日行千里未出门,虽然为官未管民。白天银钱包包满,晚来腰间无半文"。《掺茶师》:"从早忙到晚,两腿多跑酸。这边应声喊,那边把茶掺。忙得团团转,挣不到升米钱"。两首茶俗歌谣唱出了他们艰辛和苦情。在反映家庭情感的茶歌《我要去看我的妈》:"巴山子,叶叶塔,巴心巴肝惦爹娘。圆茶盘,端茶来,方茶盘,端花来。不吃你的茶,不戴你的花,我要去看我的妈。"

仪式丧礼茶俗歌

仪式歌是四川歌谣中最为丰富的部分,内容最全面的是婚礼和丧礼歌,《赞采茶诗》详细记述旧时丧礼的程序礼仪。唱词:"为儿亲,去采茶。手提筐,身穿麻。山又高、路又窄,哭哭啼啼往前跨。抬头望,见乌鸦,呱呱叫,叫呱呱,叫的昌儿爹(妈)。前日里爹(妈)为儿,今日里儿为爹(妈),好似反哺乌鸦。奏乐师,实在苦,情你吹个《鸦反哺》。朝前走,过山垭,一派青松乱交加。山坡赶羊羊乱跑,好似猛雨打残花。奏乐师,不要慌,不要忙,请再奏一曲《山坡羊》。回头心胆怕,用手扳住茶树桠。思念儿亲双泪洒,盈筐雀舌,满筐龙芽,采得香茶便归家。曲曲弯弯路,重重叠叠垭。不觉红日渐西斜,急转路三岔。……忙烹茶,自吁嗟,思念儿亲泪如麻。……为采茶,上高册,顾不得山遥路远,急急忙忙往前钻！奏乐师，听得端，请吹一调《行乡子》，壮一壮孝子行颜！抬头望，望无边。岷山顶上接云霞，不怕远，来采茶，手提筐筐往上爬。……提起茶叶回家转，烹此新茶与亲餐。一路之上不敢慢，急急犹如虎下山。奏乐师，你辛苦，请你打起包包锣，擂动牛皮鼓，架起大蟒筒，吹首《下山虎》！"这首仪式丧礼歌产于都江堰。都江堰是四川产茶区，茶农一生在高山上种茶采茶非常辛苦，民间以采茶编成唱词作丧礼司仪歌，寄托生者对死者的哀思和悼念，直接反映丧礼茶俗文化的歌谣还不多见。

情歌茶俗歌

情歌是民歌中最有生命力和最有魅力的部分，这里叙述的茶俗情歌，其语言，感情色彩，及表现出来的民情风俗，都具有四川茶俗风情的特色，把爱情表现的大胆、泼辣、直率、热烈的有《太阳出来照红岩》："太阳出来照红岩，情妹给我送茶来。红茶绿茶都不受，只爱情妹好人才。喝口香拉妹手！巴心巴肝难分开。在生之时同路耍，死了也要同棺材"。把爱情表现含蓄。委婉的有：《高山顶上一棵茶》："高山顶上一棵茶，不等春来早发芽。两边发的绿叶叶，中间开的白花花。大姐讨来头上戴，二姐讨来诓娃娃。唯有三姐不去讨，手摇棉车心想他。"《望郎歌》："八月望郎八月八，八月十五望月华。我手拿月饼来坐下，倒一杯茶香陪月华。我咬口月饼喝口茶，想起我情哥乱如麻"。"四月望郎正栽秧，小妹田间送茶汤。送茶不见情哥面，不知我郎在何方"。《渣渣落在眼睛头》："红丝带子绿丝绸，默念情哥在心头。吃茶吃水都想你，眼泪落在茶碗头。娘问女儿哭啥子，渣渣落在眼睛头。"以茶为媒，以饮茶、送茶来表达对情人的思念和爱慕,篇篇美玉,散发着浓烈的生活气息。男女对唱的山歌情歌有:哥唱:"妹儿采茶在山腰,青苔闪了妹儿腰;有心栏腰扶一把,怎奈隔着河一条"。妹唱:"这山采茶望那山,讨得嫩叶做毛尖。哥哥不嫌味道苦,卖茶买来油盐米,娃儿大小笑哈哈。高高山上一棵茶,一对麻雀往上爬。问你麻雀爬啥子,口干舌燥想喝茶?岩上绿了枇杷茶,郎在崖下放木漂。滩陡水急穿云过差点闪断妹的腰"。枇杷茶为四川崇庆县文井江西岸山区所产,树干高十余米,树围数十厘米,史称"尤门贡茶"。这是姑娘们嬉戏唱给小伙们听的山歌情歌。

儿歌茶俗歌

儿歌是四川民间歌谣中的一朵鲜花,最为有趣和绚丽。《王婆婆,在卖茶》是一首儿童做游戏所唱的茶俗歌,"王婆婆,在卖茶,三个观音来吃茶。后花园,三匹马,两个童儿打一打。王婆婆,骂一骂,隔壁了幺姑说闲话"。这是一首用指头做游戏时唱的儿童茶俗歌。先将双手的拇指中指、无名指撮在一起,各形成一个圈,然后将右手食指穿入左手圈内,将左手小指穿入右手圈内,左的食指与右手小指迭在一起,右手食指代表王婆婆,左手拇指、中指、无名指代表三个观音,右手拇指、中指、环指代表三匹马,左手食指和右手小指代表两个童儿,左手小指代表幺姑。游戏时,边唱歌边扣相关的指头。这首茶俗儿歌,形式活泼,易唱易记,老少皆宜。

佛句茶俗歌

茶与佛家结缘很早,佛家在寺庙念经等佛事活动饮茶。佛句子

《大路边一棵茶》："大路边一棵茶，不等春来就发芽。问你芽儿发得这么早？烧香居士要茶"。《烧杯香茶念起来》："初一十五庙门开，烧香居士上庙来。打开佛门迎接你，烧杯香茶念起来"。这是反映朝山居士和佛家念佛饮茶的茶俗歌。

茶与歌舞小考

茶歌、茶舞，和茶与诗词的情况一样，是由茶叶生产、饮用这一主体文化派生出来的一种茶叶文化现象。它们的出现，不只是在我国歌、舞发展的较迟阶段上，也是我国茶叶生产和饮用形成为社会生产、生活的经常内容以后才见的事情。从现存的茶史资料来说，茶叶成为歌咏的内容，最早见于西晋的孙楚《出歌》，其称"姜桂茶荈出巴蜀"，这里所说的"茶荈"，就都是指茶。至于专门咏歌茶叶的茶歌，此后从何而始？已无法查考。

从皮日休《茶中杂咏序》"昔晋杜育有荈赋，季疵有茶歌"的记述中，得知的最早茶歌，是陆羽茶歌。但可惜，这首茶歌也早已散佚。不过，有关唐代中期的茶歌，在《全唐诗》中还能找到如皎然《茶歌》、卢仝《走笔谢孟谏议寄新茶》、刘禹锡《西山兰若试茶歌》等几首。尤其是卢仝的茶歌，常见引用。在我国古时，如《尔雅》所说："声比于琴瑟曰歌"；《韩诗章句》称："有章曲曰歌"，认为诗词只要配以章曲，声之如琴瑟，则其诗也亦歌了。

卢仝《走笔谢孟谏议寄新茶》在唐代是否作歌？不清楚；但至宋代，如王观国《学林》、王十朋《会稽风俗赋》等著作中，就都称"卢仝茶歌"或"卢仝谢孟谏议茶歌"了,这表明至少在宋代时,这首诗就配以章曲、器乐而唱了。宋时由茶叶诗词而传为茶歌的这种情况较多,如熊蕃在十首《御苑采茶歌》的序文中称:"先朝漕司封修睦,自号退士,曾作《御苑采茶歌》十首,传在人口。……蕃谨抚故事,亦赋十首献漕使。"这里所谓"传在人口",就是歌唱在人民中间。

上面讲的,是由诗为歌,也即由文人的作品而变成民间歌词的。茶歌的另一种来源,是由谣而歌,民谣经文人的整理配曲再返回民间。如明清时杭州富阳一带流传的《贡茶鲥鱼歌》,即属这种情况。这首歌,是正德九年(1514 年)按察佥事韩邦奇根据《富阳谣》改编为歌的。其歌词曰:"富阳山之茶,富阳江之鱼,茶香破我家,鱼肥卖我儿。采茶妇,捕鱼夫,官府拷掠无完肤,皇天本圣仁,此地一何辜?鱼兮不出别县,茶兮不出别都,富阳山何日摧?富阳江何日枯?山摧茶已死,江枯鱼亦无,山不摧江不枯,吾民何以苏!"歌词通过一连串的问句,唱出了富阳地区采办贡茶和捕捉贡鱼,百姓遭受的侵扰和痛苦。后来,韩邦奇也因为反对贡茶触犯皇上,以"怨谤阻绝进贡"罪,被押囚京城的锦衣狱多年。

茶歌的再一个也是主要的来源,即完全是茶农和茶工自己创作的民歌或山歌。如清代流传在江西每年到武夷山采制茶叶的劳工中的歌,其歌词称:

清明过了谷雨边,背起包袱走福建。
想起福建无走头,三更半夜爬上楼。
三捆稻草搭张铺,两根杉木做枕头。

想起崇安真可怜,半碗腌菜半碗盐。
茶叶下山出江西,吃碗青茶赛过鸡。
采茶可怜真可怜,三夜没有两夜眠。
茶树底下冷饭吃,灯火旁边算工钱。
武夷山上九条龙,十个包头九个穷。
年轻穷了靠双手,老来穷了背竹筒。